对接世界技能大赛技术标准创新系列教材

技工院校一体化课程教学改革服装设计与制作专业教材

高档服装制作

人力资源社会保障部教材办公室　　组织编写

李填　主编

中国劳动社会保障出版社

world skills
China

内容简介

本书紧紧围绕职业院校对服装设计与制作专业人才的培养目标,紧扣企业工作实际,介绍了高档服装制作的有关知识,内容包括女大衣制作、男夹克制作和男西服制作。本书以国家职业技能标准和"服装设计与制作专业国家技能人才培养标准及一体化课程规范(试行)"为依据,以企业需求为导向,充分借鉴世界技能大赛的先进理念、技术标准和评价体系,促进服装设计与制作专业教学和世界先进标准接轨。本书采用一体化教学模式编写,穿插介绍了世界技能大赛的有关知识,并附有部分拓展性内容,便于开展教学。

本书由李填任主编,陈秀虹、周婷婷参与编写,陈义华任主审。

图书在版编目(CIP)数据

高档服装制作 / 李填主编 . -- 北京 : 中国劳动社会保障出版社,2023
对接世界技能大赛技术标准创新系列教材
ISBN 978-7-5167-6082-6

Ⅰ. ①高⋯　Ⅱ. ①李⋯　Ⅲ. ①服装 - 生产工艺 - 教材　Ⅳ. ①TS941.6

中国国家版本馆 CIP 数据核字(2023)第 211072 号

中国劳动社会保障出版社出版发行

(北京市惠新东街 1 号　邮政编码:100029)

*

北京市艺辉印刷有限公司印刷装订　　新华书店经销

787 毫米 × 1092 毫米　16 开本　10 印张　167 千字

2023 年 11 月第 1 版　　2023 年 11 月第 1 次印刷

定价:20.00 元

营销中心电话:400-606-6496

出版社网址:http://www.class.com.cn

http://jg.class.com.cn

对接世界技能大赛技术标准创新系列教材

编审委员会

主　任：刘　康

副主任：张　斌　王晓君　刘新昌　冯　政

委　员：王　飞　翟　涛　杨　奕　张　伟　赵庆鹏

　　　　姜华平　杜庚星　王鸿飞

服装设计与制作专业课程改革工作小组

课改校：江苏省盐城技师学院

　　　　广州市工贸技师学院

　　　　广州市白云工商技师学院

　　　　重庆市工贸高级技工学校

技术指导：李　宁

编　辑：丁　群

本书编审人员

主　编：李　填

参　编：陈秀虹　周婷婷

主　审：陈义华

序

　　世界技能大赛由世界技能组织每两年举办一届，是迄今全球地位最高、规模最大、影响力最广的职业技能竞赛，被誉为"世界技能奥林匹克"。我国于 2010 年加入世界技能组织，先后参加了五届世界技能大赛，累计取得 36 金、29 银、20 铜和 58 个优胜奖的优异成绩。2019 年 9 月，习近平总书记对我国选手在第 45 届世界技能大赛上取得佳绩作出重要指示，并强调，劳动者素质对一个国家、一个民族发展至关重要。技术工人队伍是支撑中国制造、中国创造的重要基础，对推动经济高质量发展具有重要作用。要健全技能人才培养、使用、评价、激励制度，大力发展技工教育，大规模开展职业技能培训，加快培养大批高素质劳动者和技术技能人才。要在全社会弘扬精益求精的工匠精神，激励广大青年走技能成才、技能报国之路。

　　为充分借鉴世界技能大赛先进理念、技术标准和评价体系，突出"高、精、尖、缺"导向，促进技工教育与世界先进标准接轨，完善我国技能人才培养模式，全面提升技能人才培养质量，人力资源社会保障部于 2019 年 4 月启动了世界技能大赛成果转化工作。根据成果转化工作方案，成立了由世界技能大赛中国集训基地、一体化课改学校，以及竞赛项目中国技术指导专家、企业专家、出版集团资深编辑组成的对接世界技能大赛技术标准深化专业课程改革工作小组，按照创新开发新专业、升级改造传统专业、深化一体化专业课程改革三种对接转化原则，以专业培养目标对接职业描述、专业课程对接世界技能标准、课程考核与评价对接评分方案等多种操作模式和路径，同时融入健康与安全、绿色与环保及可持续发展理念，开发与世界技能大赛项目对接的专业人才培养方案、教材及配套教学资源。首批对接 19 个世界技能大赛项目共 12 个专业的成果将陆续出版，主要用于技工院校日常专业教学工作中，充分发挥世界技能大赛成果转化对技工院校技能人才的引领示范作用。在总结经验及调研的基础上选择新的对接项目，陆续启动第二批等世界技能大赛成果转化工作。

希望全国技工院校将对接世界技能大赛技术标准创新系列教材，作为深化专业课程建设、创新人才培养模式、提高人才培养质量的重要抓手，进一步推动教学改革，坚持高端引领，促进内涵发展，提升办学质量，为加快培养高水平的技能人才作出新的更大贡献！

2020 年 11 月

目　录

女大衣制作

学习目标

1. 能结合世界技能大赛技术标准，严格遵守企业安全生产制度，在工作中养成严谨、认真、细致的职业素养，服从工作安排。

2. 能按照生产安全防护规定，正确使用劳动防护用品，执行安全操作规程。

3. 能按要求准备好制作女大衣所需的工具、设备、材料及各项技术文件。

4. 能查阅相关技术资料，讲述女大衣制作过程中常用手缝针法以及熨烫工具的名称与功能，并正确操作。

5. 能识读女大衣生产工艺单及有关各项技术文件，明确女大衣制作的工艺流程、方法、工艺要求和注意事项，准确核对制作女大衣所用样版种类、规格和数量，并区分各自用途。

6. 能在教师的示范和指导下，依据生产工艺单和生产条件，确定女大衣制作方案，并通过小组讨论作出决策。

7. 能按女大衣制作方案，独立完成单件女大衣衣料裁剪。能准确核对制作女大衣所需裁片和辅料的种类及数量，进行检查、整理和分类，做出缝制标记。能独立完成女大衣成品制作。

8. 能记录女大衣制作过程中的疑难点，通过小组讨论、合作探究或在教师的示范和指导下，提出较为合理的解决办法。

9. 能在女大衣制作过程中，按照企业标准或参照世界技能大赛评分标准，动态检验制作结果，并在教师的示范和指导下解决相关问题，及时作出更正。

10. 能讲述女大衣成品质量检验的内容和要求。

11. 能按照企业标准或参照世界技能大赛评分标准对女大衣成品进行质量检验，并依据检验结果，将女大衣成品修改到位。

12. 能清扫场地，整理操作台，归置物品，整理并归类资料，填写设备使用记录。

13. 能展示女大衣制作各阶段成果并进行评价。

14. 能根据评价结果作出相应反馈。

15. 操作过程中能严格遵守"8S"管理规定。

建议学时

80 学时。

学习任务描述

某服装企业工艺师接到技术主管安排的女大衣制作任务后，依据生产工艺单，从技术人员手中领取全套基础样版，并到仓库领取相关衣料，进行单件服装的排料、裁剪，然后在车缝工位上按照生产工艺要求和拟订的工艺流程进行制作。

制成女大衣成品后，工艺师对照生产工艺单进行产品质量检验，复核各部位的尺寸，填写相应表格并详细记录。

最后，工艺师将样衣成品、样版和相关技术资料全部移交给技术人员，并办理相关移交手续。

学习流程

1. 学生接到任务、明确目标后，查阅女大衣制作的相关资料，准备好用于实施任务的工具、设备、全套基础样版、衣料和相关学材。

2. 在教师的示范和指导下，学生依据女大衣生产工艺单，按样版及工艺要求确定制作方案，并通过小组讨论作出决策。

3. 学生根据制作方案独立完成单件服装的排料、裁剪，并对裁片进行检查、整理和分类。裁剪好后，在教师的示范和指导下，独立完成女大衣的制作。然后，按照生产工艺单的要求进行质量检验，判断女大衣成品是否合格。

4. 学生清扫场地，整理操作台，归置物品，填写设备使用记录。然后，提交女大衣成品，进行展示和评价。

学习活动
时尚长款女大衣制作

一、学习准备

1. 准备缝制设备及工具、整烫设备。准备 160/84 A 女式人台、面料、里料、辅料、工作服。

2. 获取安全操作规程、生产工艺单（见表 1-1）、全套基础样版、服装裁剪工艺和缝制工艺相关学材。

表 1-1　　　　　　　　　　　　生产工艺单

款式名称	时尚长款女大衣					
款式图	前衣片　　　　　　后衣片				款式说明： 　长款收腰女大衣，八开身结构，前、后衣片采用刀背缝分割线。嵌边立领，暗扣门襟，前中腰及左侧位置装有一连盘扣装饰腰带，前衣片两侧各装有一翻折袋盖的嵌边贴袋，左边有一荷叶饰边。带褶裥插肩袖，两边前袖肩位各装一蝴蝶结，袖口装嵌边袖头		
成品规格 （单位：cm）	项目	S	M	L	档差	公差
	衣长	116	120	124	4	±2
	领围	38	39	40	1	±0.5
	胸围	92	96	100	4	±2
	肩宽	37.8	39	40.2	1.2	±0.6
	腰围	72	76	80	4	±2
	臀围	92	96	100	4	±2

续表

	项目	S	M	L	档差	公差
成品规格 （单位：cm）	摆围	90	94	98	4	±2
	袖长	55.5	57	58.5	1.5	±0.8
	袖口	23	24	25	1	±0.5
制版工艺 要求	（1）制版充分考虑款式特征、面料特性和工艺要求 （2）样版干净整洁，标注清晰规范 （3）辅助线、轮廓线清晰、平滑、圆顺 （4）样版结构合理，尺寸符合要求，对合部位长短一致 （5）样版类型齐全，数量准确 （6）省、剪口、钻眼等位置正确，标记齐全，缝份、折边量符合要求 （7）样版轮廓光滑、顺畅，无毛刺 （8）样版校验无误，修正完善到位					
排料工艺 要求	（1）合理、灵活应用"先大后小、紧密套排、缺口合并、大小搭配"的排料原则 （2）确保部件齐全、排列紧凑、套排合理、丝缕正确、拼接适当，减少空隙。既要符合质量要求，又要节约原料 （3）合理解决倒顺毛、倒顺光、倒顺花，以及对条、对格、对花和色差衣料的排料问题					
用料计算 要求	（1）充分考虑款式特点、服装规格、颜色搭配、具体工艺要求和裁剪损耗，考虑具体的衣料幅宽和特性 （2）宁略多，勿偏少					
制作工艺 要求	（1）采用14号机针缝制，线迹密度为14～18针/3 cm，线迹松紧适度，中间无跳线、断线 （2）各部位合乎规格，公差不超过规定范围，面、里、衬松紧适宜 （3）领头平服挺立、左右对称，止口不外吐 （4）衣身平服，丝缕正确，分割缝顺直，条格对称。贴袋高低一致，衣袋平服圆顺，袋位两格对称 （5）荷叶饰边波浪均匀，下垂自然 （6）门襟平服一致，止口顺直不外吐、不起拱、不起吊 （7）夹里与面料平服，无起吊现象 （8）插肩袖平顺。褶裥左右对称，前后适宜，无涟形，无吊紧。袖口平整，大小一致 （9）锁扣眼、钉扣符合要求 （10）各部位熨烫平服，挺缝线顺直，无烫黄、变色现象，无极光、水渍、污渍，无破损 （11）里子光洁、平整，松紧适度 （12）整烫平、薄、挺、圆、顺、窝、活					
制作流程	排料→裁剪→检查裁片→验片→粘衬（大身敷衬）→打线丁（打粉印）→合缉侧缝→做贴袋、装贴袋→做荷叶饰边、装荷叶饰边→前、后衣片分割组合→做前、后衣片夹里→敷挂面→翻烫止口→做底边→固定衣服，装面、里→做袖、装袖→做领、装领→整烫→钉扣→填写封样意见					
备注						

3. 划分学习小组，每组 5～6 人，填写表 1-2。

表 1-2　　　　　　　　　　学习小组成员表

组号	本组成员姓名	组长编号	组长姓名	本人编号	本人姓名

4. 检查学习场地的熨烫设备，查看蒸汽熨斗吊瓶中的水位是否正常，说一说为什么要确保其水位正常。

_____

_____

_____

5. 观察实训场地安全通道的位置，说一说为什么要时刻保持安全通道的畅通。

_____

_____

_____

 世赛链接

　　世界技能大赛由世界技能组织举办，是世界技能组织成员展示和交流职业技能的重要平台。世界技能大赛在 63 个技能项目中设定了相应标准，这些项目涵盖结构与建筑技术、创意艺术与时尚、信息与通信技术、制造与工程技术、社会与个人服务、运输与物流等大类。其中，时装技术项目属于创意艺术与时尚类。

　　世界技能大赛要求选手必须严格遵守"8S"管理规定。选手在工作场地要遵守规定并安全操作，时刻保持通道畅通，保持工作区域干净整洁，使工作环境保持安全。

二、学习过程

（一）明确工作任务，获取相关信息

1. 查阅资料，说一说呢绒大衣传统制作工艺及双面呢全手工制作工艺的区别。

📎 小贴士

女 大 衣

大衣是穿在外层具有防风防寒功能的外衣，一般长度至腰部及以下，所以与上衣相比要长很多。大衣一般为长袖，穿着时可以敞开，也可以用纽扣扣起来，或者用拉链、腰带等束起来，这样不仅看起来非常时尚，而且具有保暖的效果。

与女大衣基础款式相比，其变化款式的版型设计比较复杂，一般都是通过对基础款式的版型进行分割、移位、展开与变形来实现的。除了廓形方面的变化外，还可以增加装饰部件，或将不同花型、颜色、质地的面料进行搭配，使女大衣款式丰富多样。

女大衣按制作材料不同，可分为棉大衣（见图1-1）、皮大衣（见图1-2）、呢绒大衣（见图1-3）、羽绒大衣（见图1-4）等。

图1-1　棉大衣

图1-2　皮大衣

图 1-3　呢绒大衣　　　　　　　　图 1-4　羽绒大衣

2. 查阅资料，说一说呢绒大衣和羽绒大衣分别适合采用什么样的面料和工艺制作。

_____

_____

_____

_____

_____

_____

_____

world skills international　世赛链接

在第 45 届世界技能大赛中，我国选手温彩云获得时装技术项目金牌。她的夺冠作品是一件时尚长款女大衣，其效果图如图 1-5 所示。

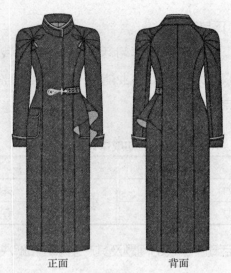

正面　　　　　　背面

图 1-5　时尚长款女大衣效果图

3. 查阅资料，列出适合制作呢绒女大衣的面料。

_____

_____

_____

4. 查阅资料，列出制作呢绒女大衣需用的衬料。

_____

_____

_____

5. 在教师的示范和指导下，独立填写表 1-3。

表 1-3　　　　　　　　学习任务与学习活动简要归纳表

本次学习任务的名称	
本次学习任务的内容	
本次学习活动的名称	
本次学习活动的专业能力目标	
本次学习活动的关键能力目标	
本次学习活动的主要内容	
本次学习活动的操作流程	
实现难度较大的目标	

6. 引导、评价、更正与完善

（1）在教师引导下，对本阶段的学习活动成果进行自我评价和小组评价（100分制，其中关键能力分权重为 60%，专业能力分权重为 40%），填写表 1-4，然后独立用红笔进行更正和完善。

表 1-4　　　　　　　　　学习活动成果评价表

项目	类别	分数	项目	类别	分数
个人自评分	关键能力		小组评分	关键能力	
	专业能力			专业能力	

（2）将本阶段学习活动中出现的问题及其产生原因和解决办法填写在表 1-5 中。

表 1-5　　　　　　　　　问题分析表

出现的问题	产生原因	解决办法

（3）本阶段学习活动中自己最满意的地方和最不满意的地方各写两点。

最满意的地方：_____

_____

最不满意的地方：_____

_____

（二）制定制作方案并作出决策

1. 简要写出本小组的制作方案。

_____

_____

_____

2. 你在制定方案的过程中承担了什么工作？有什么体会？

_____

_____

_____

3. 教师对本小组方案给出了什么修改建议？为什么？

_____

_____

_____

4. 你认为方案中哪些地方比较难实施？为什么？你有什么解决办法？

_____

_____

_____

📒 小贴士

大衣的制作工艺

大衣的制作工艺有很多种，主要包括呢绒大衣的制作工艺、棉大衣的绗缝制作工艺、皮大衣的制作工艺、羽绒大衣的填充绗缝制作工艺等。

其中，呢绒大衣的制作工艺主要有以下两种。

1. 双面呢全手工制作工艺

双面呢全手工制作工艺是将两块面料通过手工缝合成一块，所有接缝处全部以手工缝制在一起。采用该工艺制作的大衣（见图1-6）的主要特点是：

图 1-6 采用双面呢全手工制作工艺制作的大衣

（1）轻盈

双面呢面料是两层独立面料，中间用纱线连接，无须胶合，因此，双面呢大衣比一般的服装更加轻盈、舒适。尽管双面呢大衣采用双层面料，但其质地比较柔软轻盈，一向以"零重力"著称。

（2）双面性

双面呢面料两面颜色可以相同，也可以不同，因此双面呢大衣的表现力更强，也让设计师拥有更大的发挥空间。

2. 呢绒大衣传统制作工艺

呢绒大衣传统制作工艺包括粘合衬制作工艺、半毛衬制作工艺、全毛衬制作工艺等。采用该工艺制作的大衣（见图1-7）的主要特点是：

（1）挺括

用传统制作工艺制作的呢绒大衣前身、肩、领等部位增加了内衬进行固定，使大衣看起来更加厚实，也更加挺括。

（2）保暖、保形

用传统制作工艺制作的呢绒大衣由面料、夹里组成，穿脱更加方便，可更好保护面料，并有保暖、保形等作用。

图1-7　采用传统制作工艺制作的呢绒大衣

5. 本小组最终决定如何修改制作方案？是怎样作出决策的？

_____

_____

_____

6. 引导、评价、更正与完善

（1）在教师引导下，对本阶段的学习活动成果进行自我评价和小组评价（100分制，其中关键能力分权重为60%，专业能力分权重为40%），填写表1-6，然后独立用红笔进行更正和完善。

表1-6   学习活动成果评价表

项目	类别	分数	项目	类别	分数
个人自评分	关键能力		小组评分	关键能力	
	专业能力			专业能力	

（2）将本阶段学习活动中出现的问题及其产生原因和解决办法填写在表1-7中。

表1-7   问题分析表

出现的问题	产生原因	解决办法

（3）本阶段学习活动中自己最满意的地方和最不满意的地方各写两点。

最满意的地方：_____

_____

最不满意的地方：_____

_____

（三）成品制作与检验

1. 查阅资料，了解女大衣排料及裁剪的方法和流程，比较传统制作工艺呢绒大衣和全手工制作工艺双面呢大衣的排料及裁剪方法有哪些不同，并进行小组讨论，然后写出讨论结果。

_____

_____

_____

小贴士

样版和排料

1. 样版

样版是对记录服装结构图及相关技术规定（包括缝份、对位点、规格等）的纸板的统称。在服装工业中，样版就是模具、图样，是排料、划样、裁剪和缝制过程中的技术依据，也是检验产品质量的直接标准。

样版按用途不同可分为裁剪样版和工艺样版两大类。

（1）裁剪样版

裁剪样版是在净样版的基础上，根据面料厚度放出缝份的样版。净样版即没有缝份的样版。裁剪样版包括面料、里料及辅料等的样版，用于批量裁剪中排料、划样等工序。

（2）工艺样版

工艺样版是缝制工艺中对衣片或半成品进行定位、定型、修正等的样版，多为净样版。常见的工艺样版有以下几种：

1）扣烫样版。扣烫样版用于扣烫贴袋等，宜采用不易变形的薄铜片制作。

2）定型样版。定型样版多用于领子、圆角下摆、袋盖、袖圆角等部件的画线和缉线。按定型样版缉线，既可省略画线，又可使缉线规范标准。定型样版可采用细砂纸等材料制作。

3）定位样版。定位样版主要用于不宜钻眼定位的衣料或某些高档衣料。

4）修剪样版。修剪样版多用于局部修正的部件，如领圈、袖窿等。

2. 排料

排料即排出用料定额。

（1）排料前的准备工作

1）检查纸样裁片各部位的规格是否正确。

2）检查纸样裁片是否齐全。

3）检查各部位裁配关系是否吻合。

4）检查纸样裁片文字标注，包括在纸样中相应位置标注的文字及经向标志。

5）检查纸样各钻眼定位。在腰围线、臀围线、前胸围线、底边缝口等处需要打对位剪口，在距离省尖 0.5 ～ 1 cm 的部位需要钻眼。

（2）排料的要求

合理的排料应做到排列紧凑、减少缝隙，在保证衣片质量的前提下，尽量提高面料的利用率。

2. 在教师的示范和指导下，依据生产工艺单中的要求，以小组合作的形式进行衣料的排版，讨论并制定出最合理的裁剪方案，把用料情况填写在下面。

（1）面料门幅为 144 cm，用料量为_____。

（2）里料门幅为 110 cm，用料量为_____。

（3）衬料：软衬门幅为_____，用料量为_____；马尾衬门幅为_____，用料量为_____；细布衬门幅为_____，用料量为_____。

（4）在下面空白处绘制出面料排料图。

世赛链接

世界技能大赛时装技术项目竞赛对根据样版进行正确排料有严格规定。例如，对面料要进行准确测量，实现最佳的面料利用率。此外，裁片要放置平整，别针数量要适当。面料要整洁光滑，无扭曲或者变形，不能被别针扭曲，没有粉笔线，布边长短要一致。要按照裁剪指引进行排料。所有裁片的纱向线都正确，不能有超过

0.5 cm 的偏差。裁剪样版标注（如样版名称、样版号、纱向、缝份、剪口、钻眼等标注）要齐全。要使用合适的工具或设备准确裁剪面料，确保用裁片可以正确制作服装成品。

图 1-8 是某裁剪样版标注示意图。

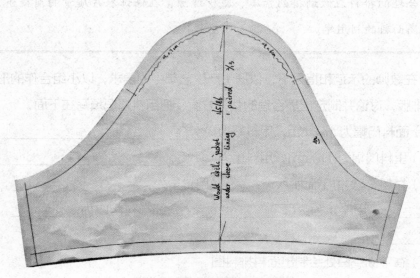

图 1-8　裁剪样版标注示意图

3. 在教师的示范和指导下，按制定好的裁剪方案独立完成单件时尚长款女大衣面料、里料、衬料的裁剪，准确核对制作女大衣所需裁片和辅料的种类及数量，检查、整理、分类并做出缝制标记。然后，回答下列问题。

（1）面料类有哪些裁片？

_____

（2）里料类有哪些裁片？

_____

（3）面料裁片上哪些部位需要画净样线？

_____

（4）里料裁片上哪些部位需要做缝制标记？

_____

（5）所用的衬料分为哪几种？每种衬料各用于裁剪制作胸衬的哪些部位？

_____

_____

世赛链接

　　世界技能大赛时装技术项目竞赛对服装所有缝合部分的质量都有着非常详细的评分标准。选手要根据服装生产工艺单、款式图和样版等，运用适宜的手缝工艺、精确的缝制方法和有效的熨烫工艺，完成服装的制作。

　　4. 按要求在裁片上标上打线丁和还缝的部位，并独立完成女大衣粘衬（大身敷衬）、打线丁（打粉印）等操作。参考图1-9，进行女大衣敷衬，然后回答下列问题。

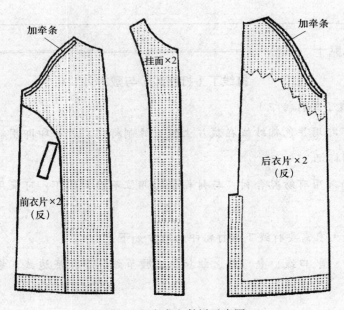

图 1-9　女大衣敷衬示意图

（1）打线丁或打粉印的要求是什么？

_____

_____

（2）本款女大衣敷衬的要求是什么？应怎样熨烫？

_____

_____

（3）面料与衬料压烫后，裁片要根据毛样版进行修正。修正裁片时需要注意哪些问题？

_____

_____

_____

（4）本款女大衣的衬料采用的是有纺粘合衬。裁片修正好后，裁片的哪些部位需要重新做缝制标记？为什么？

_____

_____

_____

📋 **小贴士**

打线丁（打粉印）与敷衬

1. 打线丁（打粉印）

打线丁即用异色棉纱线在裁片上做出缝制标记。打粉印即用粉片在裁片上做出缝制标记。

衬料如采用有纺粘合衬，与衬粘合的部位不宜打线丁，可采用打粉印的方法。

呢绒女大衣需要打线丁或打粉印的地方如下：

前衣片：驳口线、叠门线、纽扣位、腰节线、下摆底边线、袋位、装袖对档。

后衣片：后中缝线、腰节线、下摆底边线、装袖对档。

袖片：肩膀褶裥位、袖中缝线、袖肘线、袖口底边线、装袖对档。

2. 敷衬

因为大身衬使用有纺粘合衬，所以敷衬就是把大身衬与大身熨烫粘合，即烫衬。

将大身平放在桌板上，反面朝上，把配好的大身衬与大身粘合，用适当温度的熨斗压烫，使大身与衬紧紧地粘合在一起。翻到正面观察，制品不能有起泡现象。随后在门襟、里襟止口烫上粘合牵条，在袋口位反面烫上袋口衬。

5. 在教师的示范和指导下，独立完成前、后衣片归拔、合缉侧缝及分烫侧缝等操作，并完成以下练习或回答以下问题。

（1）分别写出以下部件归拔的位置。

前衣片：＿＿＿＿＿＿＿＿＿＿＿＿＿＿＿＿＿＿＿＿＿＿＿＿＿

前、后侧片：＿＿＿＿＿＿＿＿＿＿＿＿＿＿＿＿＿＿＿＿＿＿＿

后衣片：＿＿＿＿＿＿＿＿＿＿＿＿＿＿＿＿＿＿＿＿＿＿＿＿＿

📑 **小贴士**

推　门

推门即归、拔、推工艺，它是高档毛呢服装工艺的重要内容之一。归、拔、推的工艺性很强，可通过热塑变形和定型实现对平面衣片的立体塑造。推门时必须有相应的温度，且熨烫部位应准确。

1. 归

归就是归拢，即通过热处理使衣片某部位缩短。归烫时，将需归拢的部位靠近身体并喷水，不拿熨斗的手把衣片中需归拢的部位向前推，同时用力由需归拢部位的内侧向外侧以弧线形熨烫。应反复熨烫，直至达到所需效果。

2. 拔

拔就是拔开，即将衣片某部位进行热处理后使其伸长。拔烫时，将需拔开的部位靠近身体并喷水，不拿熨斗的手拉紧衣片中需拔开的部位，同时用力由需拔开部位的外侧向内侧以弧线形熨烫。应反复熨烫，直至达到所需效果。

3. 推

推是归或拔的继续，即通过熨斗的熨烫，将归拢或拔开的余量推向所需位置，予以定型。

在学习推门工艺时要注意三点：第一，了解衣片同人体及人体动态的关系，理解推门的作用；第二，了解面料的特点，掌握熨斗的温度与压力；第三，了解熨烫顺序、熨斗走向及熨烫衣片丝缕的用力程度。

衣片经过推门后，要两格对称，平放后丝缕顺直、平服，腰吸凹势、肩胛胖势、胸部胖势均匀。

衣片归拔后必须冷却。如果是结构比较紧的毛织物，必须经过两三次的归拔，才能达到预期的归拔效果。

（2）在图1-10和图1-11中按归拔符号画出熨斗走向，并说一说这样做的作用。

_____

_____

_____

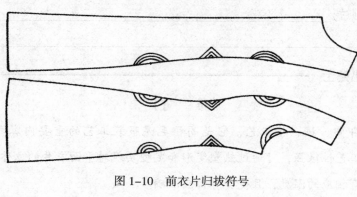

图1-10　前衣片归拔符号

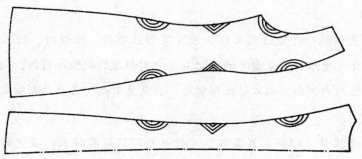

图1-11　后衣片归拔符号

（3）合缉侧缝时，前衣片左右两边的缝制方法有什么不同？说一说它们各自的缝制步骤。

_____

_____

_____

（4）说一说分烫侧缝时的熨烫方法。

_____

_____

6. 在教师的示范和指导下，独立完成做贴袋、装贴袋及做、装荷叶饰边等操作，并完成以下练习或回答以下问题。

（1）本款女大衣贴袋如图1-12所示，说一说该贴袋的特点，描述一下它的制作方法及制作步骤。

_____

_____

_____

扫 一 扫，观看女大衣贴袋制作演示视频。

图 1-12　贴袋

（2）根据生产工艺单，说一说本款女大衣左右贴袋的装袋方法及操作步骤。

_____

_____

_____

（3）本款女大衣荷叶饰边放大图如图1-13所示，说一说它的特点，并描述其制作方法及制作步骤。

_____

_____

_____

前衣片　　　　　　　　　　　　后衣片

图 1-13　荷叶饰边放大图

扫 一 扫，观看女大衣荷叶饰边制作演示视频。

小贴士

贴 袋

贴袋是指在服装的某些部位贴缝的袋布。它的式样很多，有长方形、椭圆形、圆形、三角形等各种几何图形的平贴袋，也有立体贴袋。在贴袋上除可附加袋盖外，还可做嵌线、褶裥等装饰。

常见的贴袋有以下几种。

1. 尖底贴袋

尖底贴袋（见图1-14）常用于衬衫、两用衫、牛仔裤等服装中，若在袋面绱缝装饰图案可增强装饰效果。

2. 明褶裥贴袋

明褶裥贴袋（见图1-15）常用于休闲类外衣、裤子等服装。

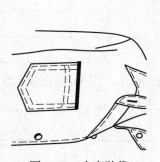

图1-14 尖底贴袋

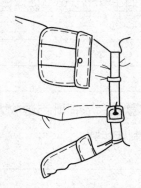

图1-15 明褶裥贴袋

3. 车明线的外套贴袋

这种贴袋（见图1-16）有袋里布，袋布周围车明线。它常用于有里布的外套，袋里布宜采用柔软、轻薄、滑爽的布料。

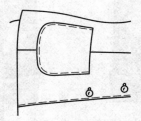

图1-16 车明线的外套贴袋

4. 无明线的外套贴袋

这种贴袋（见图 1-17）有袋里布，袋布周围无明线。它常用于有里布的外套，袋里布宜采用柔软、轻薄、滑爽的布料。

5. 立体贴袋

立体贴袋（见图 1-18）的特点是在袋布边缘加上袋侧布，可以呈现较好的立体效果。

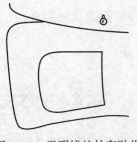

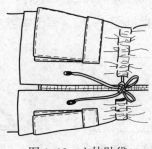

图 1-17 无明线的外套贴袋　　　　图 1-18 立体贴袋

7. 在教师的示范和指导下，独立完成前、后衣片分割组合及敷牵条、大身整烫等操作，并完成以下练习或回答以下问题。

（1）本款女大衣的左右衣片是不一样的，前、后衣片分割组合时，工艺质量要求是什么？描述一下它的操作方法及操作步骤。

_____

_____

_____

（2）前、后衣片分割缝车缉好后，大身的熨烫方式是怎样的？熨烫质量要求是什么？

_____

_____

_____

（3）敷牵条如图 1-19 所示，说一说门襟敷牵条的方法、步骤及质量要求。

_____

_____

_____

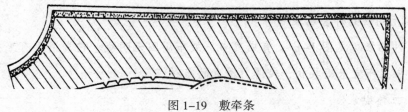

图 1-19 敷牵条

8. 在教师的示范和指导下，独立完成做装女大衣里袋、做前后衣片夹里、敷挂面、翻烫止口、做底边、固定衣服、装面里等操作，并完成以下练习或回答以下问题。

（1）根据图 1-20，写出本款女大衣里袋各制作步骤的质量要求。

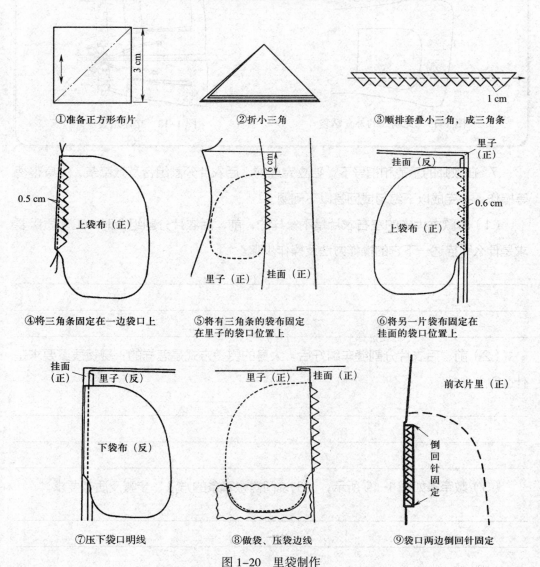

图 1-20 里袋制作

_____

_____

_____

_____

_____

_____

_____

（2）制作里袋时，袋贴应使用_____布，缉在大片袋布的_____处。装上袋贴后，两片袋布应叠合兜缉。

（3）里袋嵌线应呈_____形，以使大衣里更加美观。锯齿状部件（三角条）应使用_____形里料，两次对折成_____形，共需_____块。

（4）多个锯齿状部件应如何排列处理？如何车缉？

_____

_____

_____

（5）挂面外侧做滚边时，滚边布为_____。其制作方法如图1-21所示，应先将挂面与_____面相对，距边_____cm处车缝，再修剪_____至0.2～0.3 cm，然后翻烫滚边，滚边宽度烫至_____cm，最后在_____面车缝0.1 cm固定滚边。

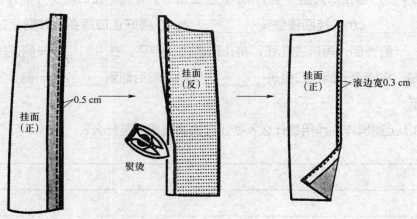

图 1-21　挂面外侧滚边制作方法

（6）挂面外侧做滚边的作用是什么？

_____

_____

_____

（7）里袋应装在_____线下 6 cm 至_____之间。将锯齿状袋口与右襟夹里放准位置，按_____车缉一道，缉线长短同_____，两头齿口对称。找到上下齿口起止处，在夹里上剪好_____，将里袋敷直摆平。在锯齿状部件口处，沿大身夹里缉_____一道。注意不要将装有袋贴布的袋布缉平。

（8）夹里拼接缝合时要注意哪些问题？熨烫的要求是什么？

_____

_____

_____

（9）缉门襟止口如图 1-22 所示。敷挂面时，将拼接好的里子及大身正面相合，上口、外口分别对齐，在离边 1.5 cm 处把挂面与大身扎定。这样做的作用是什么？缉止口时要怎样缝制？应注意哪些问题？

_____

_____

_____

_____

（10）烫门襟止口如图 1-23 所示。烫止口时，要先将止口缝头分烫开，大身留缝头_____cm，挂面留缝头_____cm，修好止口缝头，并把止口缝头向_____一侧烫倒，再拆去扎线，将止口翻出、抻平，在_____一侧逐段将止口熨烫服帖，将挂面一侧止口坐进_____cm，然后翻到_____一侧，将止口烫顺、烫挺。

（11）上述操作的作用是什么？烫止口的质量要求是什么？

_____

_____

_____

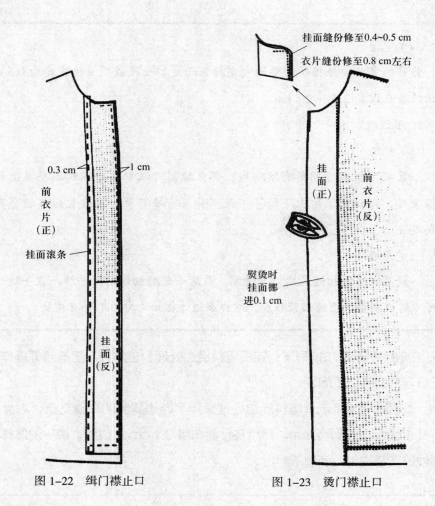

图 1-22　缉门襟止口　　　　　　图 1-23　烫门襟止口

📋 **小贴士**

滚 边 工 艺

1. 滚条制作

（1）颜色

滚条的颜色既可以遵循传统，也可以打破传统，关键看需要的效果。

（2）上浆

做滚条的传统方法一般是将滚条布缩水，然后刮浆。

（3）斜裁

45°是滚条最好的斜裁角度，有利于滚边边缘线的造型。

（4）宽度

裁剪的宽度要根据所需要的成型效果而定。如果成型滚边宽度为 0.5 cm，那么滚条应该宽 2.2 ～ 2.5 cm。

2. 滚边缝制

（1）机缝

如果采用机器缝制所有缝纫线，那么缝制过程中需要不断调整滚条和大身松紧度，以保证滚边上下松紧一致。如果有松有紧，滚边最后可能会有褶皱或起涟。

（2）手缝

一般第一道缝纫线采用机器缝制，最后一道缝纫线采用手缝。在手缝过程中可以适当调整滚条的松紧程度，这样滚边才粗细均匀，不会有褶皱。

9. 在教师的示范和指导下，完成里料底边处理、三角针手工缲缝等操作，并完成以下练习或回答以下问题。

（1）如图 1-24 所示，里料底边处理采用了卷边缝制的车缝工艺，衣片里料底摆先折烫 1 cm，再折烫 2 cm，然后在反面车缝 0.1 cm 止口线。说一说怎样缝制才能做到线迹宽窄均匀，底边不起扭。

_____

_____

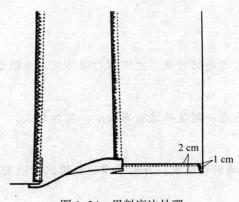

图 1-24　里料底边处理

（2）衣片面料的底摆先按挂面外侧滚边处理方法缝制，再按底摆线丁或粉印折转烫顺，然后折边内侧用三角针手工缲缝固定底边，如图1-25所示。试述三角针手工缲缝的方法，说一说怎样缝制才能做到线迹不松不紧，正面不露线迹。

_____

_____

_____

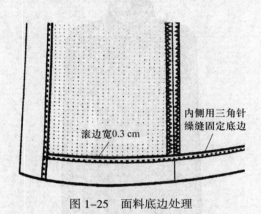

图1-25　面料底边处理

（3）侧缝、后中缝底摆是用线襻固定的，如图1-26所示。说一说线襻制作的方法。

_____

_____

_____

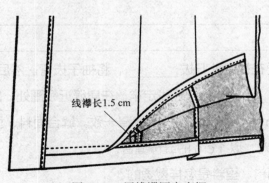

图1-26　用线襻固定底摆

10. 在教师的示范和指导下，独立完成做袖、装袖、装垫肩等操作，并完成以下练习或回答以下问题。

（1）如图1-27所示，在袖肩位前后各有五个褶裥。这些褶裥应如何缝制？缝制时要注意哪些问题？

扫一扫，
观看女大
衣做袖、
装袖演示
视频。

_____

_____

_____

图 1-27　袖肩位褶裥

（2）如图1-27所示，在前袖肩位有一个小蝴蝶结装饰。这个蝴蝶结是如何缝制的？

_____

_____

_____

（3）做袖时，要在袖肘处归拔_____，将袖子拔弯。然后把前、后衣片两格袖缝对齐，后衣片放_____，钉缝线定牢。在肩缝近领圈处，后肩略放_____。注意袖片缝头为1 cm。要求缉线顺直，宽窄一致。缝合面料、里料的大小袖片时，要将其_____面相对，以1 cm的缝份缝合。

（4）做袖时，面料、里料是怎样熨烫的？

_____

_____

11. 在教师的示范和指导下，独立完成制作袖头、装袖头等操作，并完成以下练习或回答以下问题。

（1）根据图1-27，详述袖头的款式特点及制作要求。

_____

_____

_____

（2）缝制袖头用了什么车缝工艺？详细描述袖头的制作步骤。

_____

_____

_____

_____

（3）根据图1-28，详细描述袖头的安装步骤及工艺要求。

_____

_____

_____

_____

_____

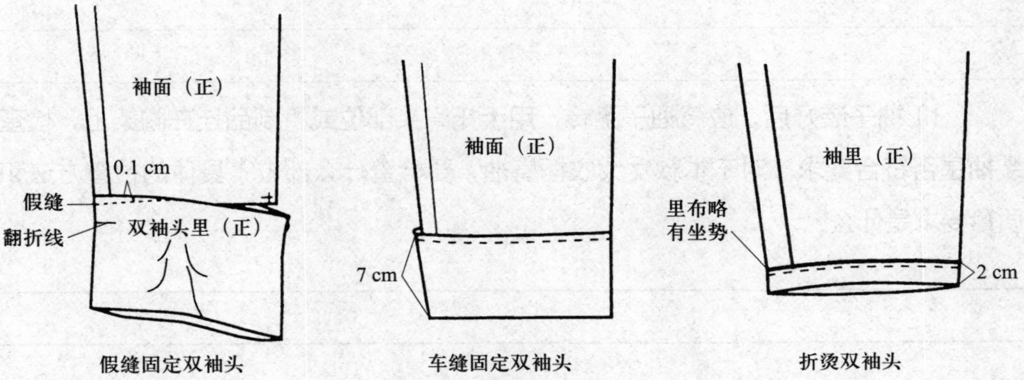

袖面（正）

0.1 cm

假缝
翻折线　　双袖头里（正）

假缝固定双袖头

袖面（正）

7 cm

车缝固定双袖头

袖里（正）

里布略
有坐势　　　　　2 cm

折烫双袖头

图1-28 装袖头

12. 在教师的示范和指导下，独立完成装袖子、装垫肩等操作，并完成以下练习或回答以下问题。

（1）根据图1-29，说一说装袖子的对位点是如何设定的，这样做的作用是什么。

_____

_____

_____

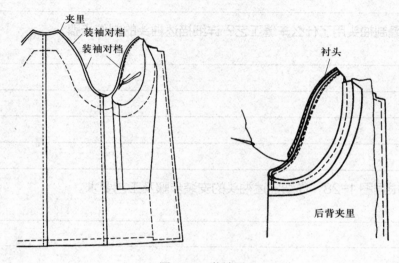

夹里
装袖对档
装袖对档
衬头
后背夹里

图1-29　装袖子

（2）装袖子时应注意哪些问题？其工艺要求是什么？

_____

_____

_____

（3）袖子装好后，应将袖子翻转，用手托肩头部位或将制品挂在胸架上，检查装袖是否符合要求。对于本款女大衣插肩袖，要检查什么部位？具体的检查方法和质量要求是什么？

_____

_____

_____

（4）根据图1-30，说一说女大衣的垫肩形状与西服的垫肩形状有什么不同，垫肩形状与服装款式有什么关联。

_____

_____

_____

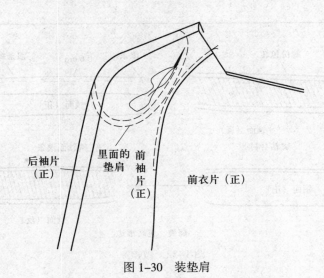

后袖片
（正）

里面的
垫肩

前袖
片
（正）

前衣片（正）

图 1-30　装垫肩

（5）装垫肩时应注意哪些问题？其工艺要求是什么？

_____

_____

13. 在教师的示范和指导下，独立完成做领、绱领等操作，并完成以下练习或回答以下问题。

（1）本款女大衣的领子如图 1-31 所示，描述该款领子的造型特点及工艺要求。

_____

_____

图 1-31　女大衣领子

（2）根据图1-32，说一说本款领子的制作方法及制作步骤。

_____

_____

_____

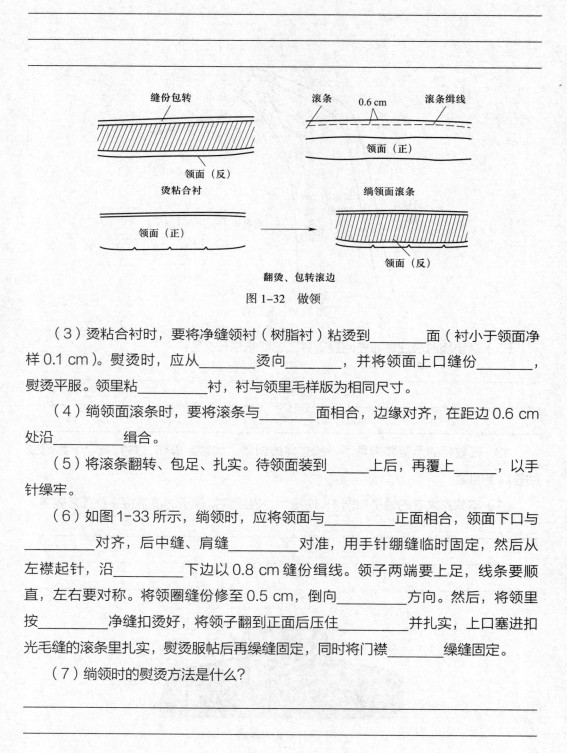

图 1-32　做领

（3）烫粘合衬时，要将净缝领衬（树脂衬）粘烫到_____面（衬小于领面净样0.1 cm）。熨烫时，应从_____烫向_____，并将领面上口缝份_____，熨烫平服。领里粘_____衬，衬与领里毛样版为相同尺寸。

（4）绱领面滚条时，要将滚条与_____面相合，边缘对齐，在距边 0.6 cm处沿_____缉合。

（5）将滚条翻转、包足、扎实。待领面装到_____上后，再覆上_____，以手针缲牢。

（6）如图1-33所示，绱领时，应将领面与_____正面相合，领面下口与_____对齐，后中缝、肩缝_____对准，用手针绷缝临时固定，然后从左襟起针，沿_____下边以 0.8 cm 缝份缉线。领子两端要上足，线条要顺直，左右要对称。将领圈缝份修至 0.5 cm，倒向_____方向。然后，将领里按_____净缝扣烫好，将领子翻到正面后压住_____并扎实，上口塞进扣光毛缝的滚条里扎实，熨烫服帖后再缲缝固定，同时将门襟_____缲缝固定。

（7）绱领时的熨烫方法是什么？

_____

_____

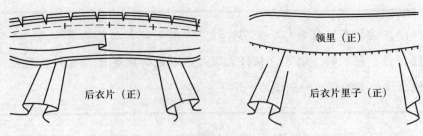

领里（正）

后衣片（正）　　　　　　　后衣片里子（正）

图1-33　绱领

14. 在教师的示范和指导下，独立制作和安装本款女大衣腰饰、盘扣，完成整烫，并完成以下练习或回答以下问题。

（1）本款女大衣腰位安装了什么装饰品？

_____

_____

（2）详细说一说本款女大衣是如何熨烫的。

_____

_____

_____

（3）整烫工艺涉及熨烫技巧（手势）、熨烫温度、熨斗压力及面料区分等方面。详细说一说本款女大衣整烫时熨烫的重点。

_____

_____

_____

扫一扫，观看女大衣盘扣（稻穗扣）制作演示视频。

扫一扫，观看女大衣盘扣（琵琶扣）制作演示视频。

📖 小贴士

盘　扣

盘扣是从古老的结发展而来的。我国古代的服装，要使衣服合体、保暖而不散落，要借助带子、绳子，而使用时就要系扣、打结。

结的式样很丰富，有实用的束衣之结，也有起美化作用的装饰之结。同时，绳结在人们心目中也具有各种美好吉祥的意义。清初的服装以袍、褂、衫、裤为主，改过去的宽衣大袖为窄袖筒身，衣襟以纽扣系之，代替了明朝汉族惯用的绸带，这时，中式盘花扣也随着服装的发展而兴起。

> 如今，盘扣不仅作为纽扣使用，还是一种新颖的工艺美术作品。其制作手法包括盘、包、缝、编等，在样式设计、颜色搭配等方面也极为讲究，充分表现出设计者的技巧和创造力。

15. 在教师的示范和指导下，参照世界技能大赛评分标准，完成所做女大衣的质量检验，并独立填写质检步骤。

_____

_____

_____

_____

16. 在教师的示范和指导下，参照世界技能大赛评分标准，对制成的女大衣进行自我测评，并将得分填写在表 1-8 中。

表 1-8　　　　　　　　　成品评分表

序号	分值	评价项目	评分标准	得分
1	10	按照工艺要求，制作完成女大衣	完成得分，未完成不得分	
2	10	外观干净整洁，无脏斑，未过度熨烫，未熨烫不足，无线头，无破损	每处错误扣 2 分，扣完为止	
3	8	尺寸合乎要求，公差范围为：衣长 ±1 cm、胸围 ±1.5 cm、袖长 ±0.7 cm、总肩宽 ±0.6 cm	每处错误扣 2 分，扣完为止	
4	8	裁片丝绺准确，有条格的面料需对条对格	每处错误扣 3 分，扣完为止	
5	6	线迹密度为 16～18 针 /3 cm，允许误差为 2 针 / 3 cm。线迹松紧适度，中间无跳线、断线、接线	每处不符扣 2 分，扣完为止	
6	8	领子对称，面、衬、里松紧适宜，表面平挺平服，领子宽窄适宜，领头左右一致，上领端正，整齐牢固，领窝圆顺、平服	每处不符扣 2 分，扣完为止	
7	6	前门襟平服顺直，长短一致，左右对称，不搅不豁，止口不反吐	每处不符扣 2 分，扣完为止	

续表

序号	分值	评价项目	评分标准	得分
8	6	肩部平服，肩缝顺直，两肩长短一致。胸部挺括、丰满，左右对称。后背、腰部平服，背缝、摆缝顺直	每处不符扣2分，扣完为止	
9	8	插肩袖褶裥均匀美观，前后对称，两袖长短一致，袖口大小一致，袖头滚边顺直，左右对称，长短一致	每处不符扣2分，扣完为止	
10	10	贴袋大袋位高低互差小于0.3 cm，前后互差小于0.7 cm。贴袋左右对称，口袋平服，嵌线顺直且宽窄一致。袋角圆顺，松紧适宜。袋盖长短、宽窄互差小于0.3 cm 里袋位置正确，开线顺直，嵌线均匀，封结扎线规整	每处不符扣2分，扣完为止	
11	6	盘扣牢固，整齐美观 饰带顺直 荷叶饰边缝线弯顺，波浪均匀	每处不符扣2分，扣完为止	
12	3	底边方正，面、里平服。折边宽窄一致	每处不符扣1分，扣完为止	
13	3	里与面、衬平服，挂面松紧适宜，窝势弯顺	每处不符扣1分，扣完为止	
14	3	各部位熨烫平服、整洁美观，无烫黄、变色现象，无极光、污渍	每处不符扣1分，扣完为止	
15	5	工作结束后，工作区整理干净，关闭机器、设备电源	完成得分，未完成不得分	
总分				

17. 制作完成后，以小组为单位，填写表1-9。

表1-9　　　　　　　　　　　　设备使用记录表

设备类型	是否正常使用	
	是	否，是如何处理的
裁剪设备		
缝制设备		
整烫设备		

18. 在教师的示范和指导下，在下方写出封样意见，然后对照封样意见，将制品调整到位。

_____

_____

_____

_____

19. 引导、评价、更正与完善

（1）在教师引导下，对本阶段的学习活动成果进行自我评价和小组评价（100分制，其中关键能力分权重为 60%，专业能力分权重为 40%），填写表 1-10，然后独立用红笔进行更正和完善。

表 1-10　　　　　　　　　学习活动成果评价表

项目	类别	分数	项目	类别	分数
个人自评分	关键能力		小组评分	关键能力	
	专业能力			专业能力	

（2）将本阶段学习活动中出现的问题及其产生原因和解决办法填写在表 1-11 中。

表 1-11　　　　　　　　　问题分析表

出现的问题	产生原因	解决办法

（3）本阶段学习活动中自己最满意的地方和最不满意的地方各写两点。

最满意的地方：_____

_____

最不满意的地方：_____

_____

（四）成果展示与评价反馈

1. 在教师的示范和指导下，在小组内进行作品展示（包括平面展示、人台展示或其他展示），然后经过小组讨论，推选出一件最佳作品，进行全班展示与评价，并由组长简要介绍推选的理由，小组其他成员作补充并记录。

小组最佳作品制作人：_____

推选理由：_____
_____

其他小组评价意见：_____
_____

教师评价意见：_____
_____

2. 引导、评价、更正与完善

（1）在教师引导下，对本阶段的学习活动成果进行自我评价和小组评价（100分制，其中关键能力分权重为60%，专业能力分权重为40%），填写表1-12，然后独立用红笔进行更正和完善。

表1-12　　　　　　　　　学习活动成果评价表

项目	类别	分数	项目	类别	分数
个人自评分	关键能力		小组评分	关键能力	
	专业能力			专业能力	

（2）将本阶段学习活动中出现的问题及其产生原因和解决办法填写在表1-13中。

表1-13　　　　　　　　　问题分析表

出现的问题	产生原因	解决办法

（3）本阶段学习活动中自己最满意的地方和最不满意的地方各写两点。

最满意的地方：_____
_____

最不满意的地方：_____

（4）根据本次学习活动完成情况，填写表1-14。

表1-14　　　　　　　　学习活动考核评价表

班级：　　　　学号：　　　　姓名：　　　　指导教师：

评价项目	评价标准	评价依据（信息、佐证）	评价方式			得分小计	权重	总分
			自我评价	小组评价	教师（企业）评价			
			10%	20%	70%			
关键能力	（1）能正确使用劳动防护用品，执行安全操作规程 （2）能参与小组讨论，制定方案，相互交流与评价 （3）能积极主动、勤学好问 （4）能清晰、准确表达，与相关人员进行有效沟通 （5）能清扫场地，整理操作台，归置物品，填写设备使用记录	（1）课堂与企业实践表现 （2）工作页填写 （3）工作总结					40%	
专业能力	（1）能独立完成单件女大衣衣料裁剪，并能对裁片进行检查、整理和分类 （2）能在教师的示范和指导下，依据生产工艺单和生产条件，制定女大衣制作方案，并通过小组讨论作出决策 （3）能在教师的示范和指导下，独立完成单件女大衣成品的制作 （4）能记录女大衣制作过程中的疑难点，讲述制作的基本流程、方法和注意事项	（1）课堂与企业实践表现 （2）工作页填写 （3）完成女大衣的制作					60%	

续表

评价项目	评价标准	评价依据（信息、佐证）	评价方式			得分小计	权重	总分
			自我评价	小组评价	教师（企业）评价			
			10%	20%	70%			
专业能力	（5）能讲述女大衣成品质量检验的内容和要求 （6）能在女大衣制作过程中，按照企业标准或参照世界技能大赛评分标准，动态检验制作结果，并在教师的示范和指导下解决相关问题，及时作出更正							
指导教师综合评价	指导教师签名：　　　　　　　　　　　日期：							

（5）从工艺改进和革新方面写一份 300 ~ 500 字的工作总结。

_____
_____
_____
_____
_____
_____
_____
_____
_____
_____
_____

_____

_____

_____

_____

_____

_____

_____

_____

_____

_____

_____

_____

_____

三、学习拓展

说明：本阶段学习拓展建议课时为 8 ～ 10 课时，要求学生在课后独立完成。教师可根据本校的教学需要和学生的实际情况，选择部分或全部进行实践，也可另行选择相关拓展内容，或者不实施本学习拓展，而将相关课时用于前述时尚长款女大衣制作的学习活动。

要求：查阅相关学材或企业生产工艺单，通过小组讨论，制定如图 1-34 所示女式短装大衣和如图 1-35 所示女式 H 型长款大衣的制作方案，然后分别完成单件样衣的制作。

拓展任务 1：女式短装大衣制作

女式短装大衣外形及特点：插肩袖，大翻驳领，前门襟钉一粒扣，前衣片胸部左右装有活动的坎肩，在分割缝处装暗缝袋，高低下摆，袖口为翻折袖克夫。款式新颖大方，穿脱方便。

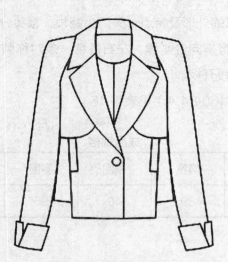

图 1-34 女式短装大衣

成品规格（号型为 160/84 A）见表 1-15。

表 1-15   成品规格   单位：cm

项目	衣长	肩宽	领围	胸围	袖长	袖口
规格	56	39	40	96	57	25

📖 拓展任务 2：女式 H 型长款大衣制作

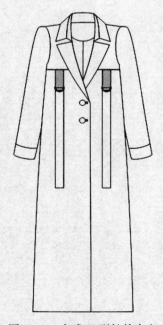

图 1-35 女式 H 型长款大衣

女式 H 型长款大衣的外形及特点：关门小翻领，领头分为上、下领（上盘、下盘），平装袖。前衣片有横向分割缝，左右各装一条对称装饰带。斜插袋，前门襟钉 2 粒扣。衣摆后中下段开衩。

成品规格（号型为 160/84 A）见表 1-16。

表 1-16　　　　　　　　　　　　　成品规格　　　　　　　　　　单位：cm

项目	衣长	肩宽	领围	胸围	袖长	袖口
规格	120	39	40	96	58	26

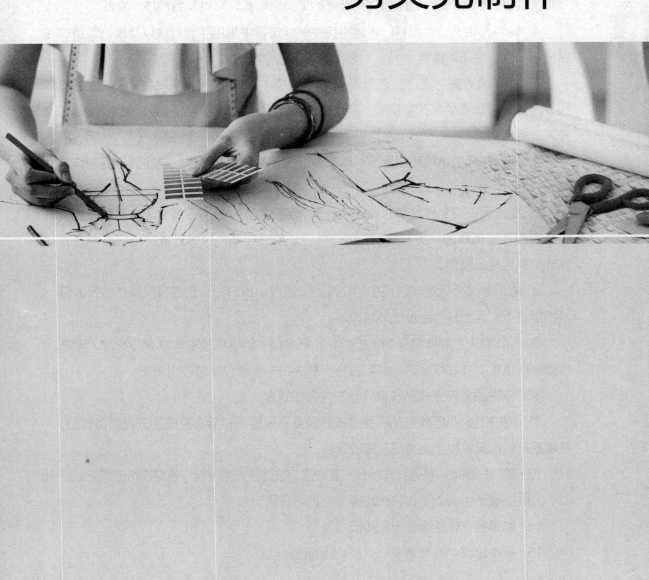

学习任务二
男夹克制作

学习目标

1. 能结合世界技能大赛技术标准，严格遵守企业安全生产制度，在工作中养成严谨、认真、细致的职业素养，服从工作安排。

2. 能按照生产安全防护规定，正确使用劳动防护用品，执行安全操作规程。

3. 能按要求准备好制作男夹克所需的工具、设备、材料及各项技术文件。

4. 能查阅相关技术资料，讲述男夹克制作过程中常用手缝针法以及熨烫工具的名称与功能，并正确操作。

5. 能识读男夹克生产工艺单及有关各项技术文件，明确男夹克制作的工艺流程、方法、工艺要求和注意事项，准确核对制作男夹克所用样版种类、规格和数量，并区分各自用途。

6. 能在教师的示范和指导下，依据生产工艺单和生产条件，确定男夹克制作方案，并通过小组讨论作出决策。

7. 能按男夹克制作方案，独立完成单件男夹克衣料裁剪。能准确核对制作男夹克所需裁片和辅料的种类及数量，进行检查、整理和分类，做出缝制标记。能独立完成男夹克成品制作。

8. 能记录男夹克制作过程中的疑难点，通过小组讨论、合作探究或在教师的示范和指导下，提出较为合理的解决办法。

9. 能在男夹克制作过程中，按照企业标准或参照世界技能大赛评分标准，动态检验制作结果，并在教师的示范和指导下解决相关问题，及时作出更正。

10. 能讲述男夹克成品质量检验的内容和要求。

11. 能按照企业标准或参照世界技能大赛评分标准对男夹克成品进行质量检验，并依据检验结果，将男夹克成品修改到位。

12. 能清扫场地，整理操作台，归置物品，整理并归类资料，填写设备使用记录。

13. 能展示男夹克制作各阶段成果并进行评价。

14. 能根据评价结果作出相应反馈。

15. 操作过程中能严格遵守"8S"管理规定。

建议学时

60 学时。

学习任务描述

　　某服装企业工艺师接到技术主管安排的男夹克制作任务后，依据生产工艺单，从技术人员手中领取全套基础样版，并到仓库领取相关衣料，进行单件服装的排料、裁剪，然后在车缝工位上按照生产工艺要求和拟订的工艺流程进行制作。

　　制成男夹克成品后，工艺师对照生产工艺单进行产品质量检验，复核各部位的尺寸，填写相应表格并详细记录。

　　最后，工艺师将样衣成品、样版和相关技术资料全部移交给技术人员，并办理相关移交手续。

学习流程

　　1. 学生接到任务，明确目标后，查阅男夹克制作的相关资料，准备好用于实施任务的工具、设备、全套基础样版、衣料和相关学材。

　　2. 在教师的示范和指导下，学生依据男夹克生产工艺单，按照样版及工艺要求，制定制作方案，并通过小组讨论作出决策。

　　3. 学生独立完成单件服装的排料、裁剪，并对裁片进行检查、整理和分类。裁剪好后，在教师的示范和指导下，独立完成男夹克的制作。然后，按照生产工艺单的要求进行质量检验，判断男夹克成品是否合格。

　　4. 学生清扫场地，整理操作台，归置物品，填写设备使用记录。然后，提交完成的男夹克成品，进行展示和评价。

学习活动
正装男夹克制作

一、学习准备

1. 准备缝制设备及工具、整烫设备。准备 170/92 A 男式人台、面料、里料、辅料、工作服。

2. 获取安全操作规程、生产工艺单（见表 2-1）、全套基础样版、服装裁剪工艺和缝制工艺相关学材。

表 2-1　　　　　　　　　　　生产工艺单

款式名称	正装男夹克					
款式图	前衣片　　　　　　后衣片				款式说明：前门襟明拉链，领型为关门翻领，两侧有斜插袋，前、后衣片两侧做分割线，下摆为育克脚贴。平装袖结构，后袖片有一分割线，袖口处开衩，加装袖英。款式新颖大方，穿脱方便		
成品规格（单位：cm）	项目	S	M	L	档差	公差
	衣长	68	70	72	2	±1
	领围	43	44	45	1	±0.5
	胸围	106	110	114	4	±2
	肩宽	44.8	46	47.2	1.2	±0.6
	袖长	57.5	59	60.5	1.5	±0.8
	袖口	25	26	27	1	±0.5

续表

制版工艺 要求	（1）制版充分考虑款式特征、面料特性和工艺要求 （2）样版干净整洁，标注清晰规范 （3）辅助线、轮廓线清晰、平滑、圆顺 （4）样版结构合理，尺寸符合要求，对合部位长短一致 （5）样版类型齐全，数量准确 （6）省、剪口、钻眼等位置正确，标记齐全，缝份、折边量符合要求 （7）样版轮廓光滑、顺畅，无毛刺 （8）样版校验无误，修正完善到位
排料工艺 要求	（1）合理、灵活应用"先大后小、紧密套排、缺口合并、大小搭配"的排料 原则 （2）确保部件齐全、排列紧凑、套排合理、丝缕正确、拼接适当，减少空隙。 既要符合质量要求，又要节约原料 （3）合理解决倒顺毛、倒顺光、倒顺花，以及对条、对格、对花和色差衣料 的排料问题
用料计算 要求	（1）充分考虑款式特点、服装规格、颜色搭配、具体的工艺要求和裁剪损耗， 考虑具体的衣料幅宽和特性 （2）宁略多，勿偏少
制作工艺 要求	（1）采用 14 号机针缝制，线迹密度为 14 ～ 18 针 /3 cm，线迹松紧适度， 中间无跳线、断线 （2）各部位合乎规格，公差不超过规定范围，面、里、衬松紧适宜 （3）夹里与面料平服，无起吊现象 （4）衣身胸部饱满，丝缕正确，分割缝顺直，条格对称。衣袋高低一致，袋 角方正，无毛口现象，袋位两格对称 （5）领口平服，左右对称，止口不外吐。门襟拉链左右宽度一致，装好后不 起拱、不起吊，长度适中。装袖平顺，前后适宜，无涟形，无吊紧。袖英对称， 大小一致 （6）锁扣眼、钉扣符合要求 （7）各部位熨烫平服，挺缝线顺直，无烫黄、变色现象，无极光、水渍、污 渍，无破损 （8）里子光洁、平整，坐势正确 （9）整烫平、薄、挺、圆、顺、窝、活
制作流程	排料→裁剪→检查裁片→验片→粘衬→打线丁→前衣片分割组合→做插袋→后 衣片分割组合→合缉肩缝→做里子→开里袋→装下摆脚贴→装拉链→做止口→做 领、绱领→袖子分割组合→装袖→合缉侧缝→装袖英→整烫→填写封样意见
备注	

3. 划分学习小组，每组 5 ~ 6 人，填写表 2-2。

表 2-2　　　　　　　　　　学习小组成员表

组号	本组成员姓名	组长编号	组长姓名	本人编号	本人姓名

4. 查阅资料，谈谈男夹克常规款式的特点以及近几年男夹克款式的流行趋势。

_____

_____

_____

 世赛链接

　　我国于 2010 年 10 月正式加入世界技能组织，2011 年第一次派代表队参加了这一国际竞技盛典。

　　世界技能大赛的技术标准由众多国际知名的代表性企业参与制定，它能代表相关行业的国际先进水平和标准。由于企业广泛参与，所以它体现了企业用人的标准和需求。它也是全球技能人才培养的高水平标杆之一。

二、学习过程

（一）明确工作任务，获取相关信息

　　1. 查阅资料，了解男夹克不同款式的结构，说一说这些不同款式的男夹克适合用什么面料和辅料进行制作。

_____

_____

_____

> **小贴士**
>
> ### 夹　克
>
> 　　夹克是英文 jacket 的音译，它是男女都能穿的短上衣的总称。夹克自形成以来，款式变化繁多。不同的时代、政治经济环境、场合，不同的人物年龄、

职业等，都对夹克的造型有很大影响。

夹克种类繁多，大致可分为牛仔夹克（见图2-1）、皮夹克（见图2-2）、羽绒夹克（见图2-3）、工装夹克（见图2-4）等。

图2-1　牛仔夹克

图2-2　皮夹克

图2-3　羽绒夹克

图2-4　工装夹克

夹克的制作工艺有别于正规西服繁杂的缝制工艺，十分精简。舒适的廓形，使夹克更适合日常穿着。

各种夹克款式应与其采用的面料及制作工艺相符合。例如，蝙蝠袖夹克（见图2-5）宜采用华丽光亮的尼龙绸或府绸面料制作。此类款式的夹克一般只在袋口、领子、袖口、门襟等部位粘衬加固，多采用简便、快捷的缝制方式。

商务夹克（见图2-6）对衣料质量要求较高，应使用外观平挺、质地紧密稍厚、抗皱性能较好的面料。此类款式的夹克前胸一般采用粘合衬制作工艺或全毛衬制作工艺，做工精良。

图2-5　蝙蝠袖夹克

图2-6　商务夹克

羽绒夹克采用立体分片式裁剪技术，以鸭绒、鹅绒、棉纶等作为内胆或填充物，采用涤纶、锦纶等舒适防风的材料作为面料，使用绗缝等缝制方式制作。

猎装夹克（见图2-7）起源于军装，其面料常选择斜纹棉、亚麻、麂皮、灯芯绒、粗毛呢等，多采用简便、快捷的缝制方式。猎装夹克更近似工装夹克，它适于在职场或者一些正式场合穿着。

跨界材质拼接夹克（见图2-8）采用多种材质和个性化面料拼接方式，如针织和梭织拼接、涤纶和仿皮拼接、毛织面料和涤纶提花面料拼接、肩部灯芯绒和帽里海虎毛拼接等，呈现多元化特点，充满创意。

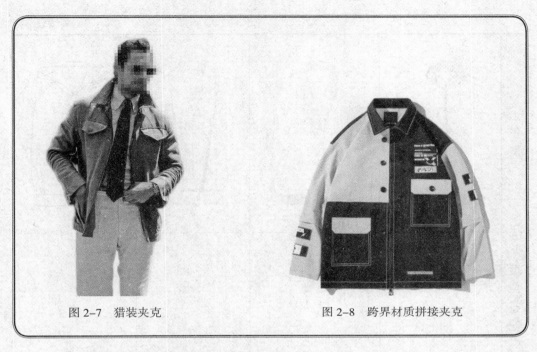

图 2-7 猎装夹克　　　　　　　　图 2-8 跨界材质拼接夹克

2. 查阅资料，写出男夹克缝制的质量标准。

_____

_____

_____

3. 表 2-3 列出了几种男夹克领子造型。查阅相关资料，在表中填写这些领子造型的名称。

表 2-3　　　　　　　　　　　　男夹克领子造型

造型图				
造型名称				

续表

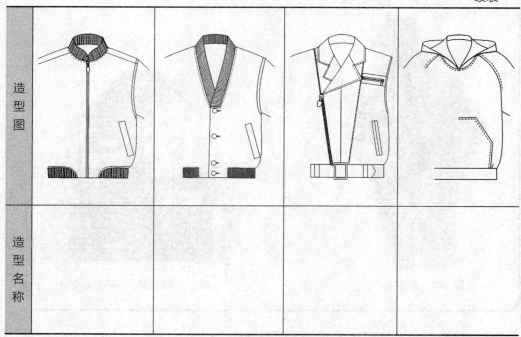

造型图			
造型名称			

4. 表2-4列出了几种男夹克袖口造型。查阅相关资料，在表中填写这些袖口造型的名称。

表2-4　　　　　　　　男夹克袖口造型

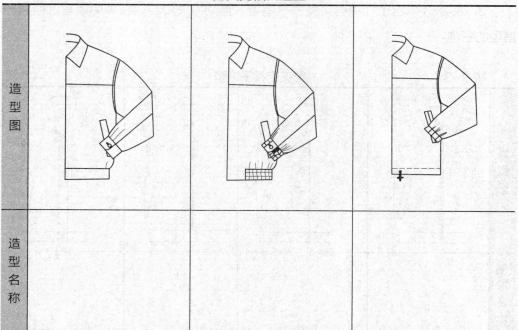

造型图		
造型名称		

续表

造型图	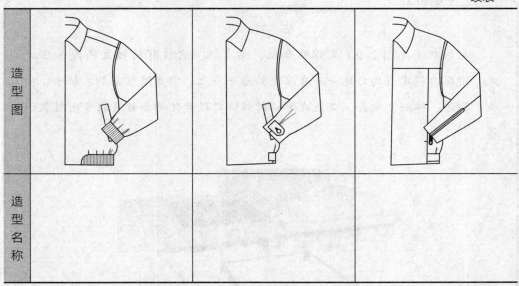		
造型名称			

5. 表2-5列出了几种男夹克口袋造型。查阅相关资料，在表中填写这些口袋造型的名称和特点。

表2-5　　　　　　　　　　　男夹克口袋造型

造型图	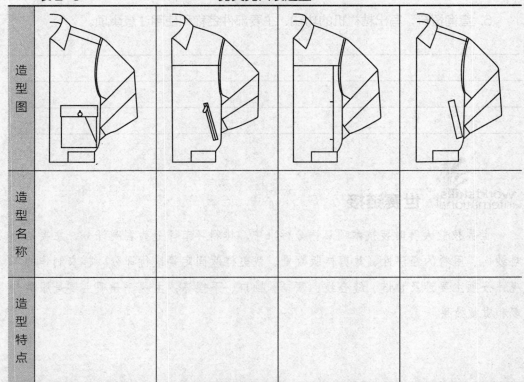			
造型名称				
造型特点				

📋 小贴士

粘 衬 机

　　粘衬机（见图 2-9）又称粘合机、粘布机。它特有的独立两段加压方式，使压力稳定且均匀地分布在滚筒的每一点上。它是服装前胸、领子、袖头、脚边、裤头、袋盖、口袋边等粘衬部位实现最佳粘合效果的专用服装设备。

图 2-9　粘衬机

　　6. 查询资料，写出粘衬机的功能、主要部件名称和使用注意事项。

_____

_____

_____

_____

world skills international　世赛链接

　　世界技能大赛时装技术项目评分标准中，排料环节评分为客观评分，主要是针对纱向、用料的经济性、裁剪样版数量、裁剪样版固定等进行评分。样衣制作的客观评分项主要涉及拉链、缝合线、领口、袖口、下摆等，主观评分项主要是服装外观和熨烫效果。

7. 在教师的示范和指导下，独立填写表 2-6。

表 2-6 　　　　　　　　　学习任务与学习活动简要归纳表

本次学习任务的名称	
本次学习任务的内容	
本次学习活动的名称	
本次学习活动的专业能力目标	
本次学习活动的关键能力目标	
本次学习活动的主要内容	
本次学习活动的操作流程	
实现难度较大的目标	

8. 引导、评价、更正与完善

（1）在教师引导下，对本阶段的学习活动成果进行自我评价和小组评价（100分制，其中关键能力分权重为 60%，专业能力分权重为 40%），填写表 2-7，然后独立用红笔进行更正和完善。

表 2-7 　　　　　　　　　学习活动成果评价表

项目	类别	分数	项目	类别	分数
个人自评分	关键能力		小组评分	关键能力	
	专业能力			专业能力	

（2）将本阶段学习活动中出现的问题及其产生原因和解决办法填写在表 2-8中。

表 2-8 　　　　　　　　　问题分析表

出现的问题	产生原因	解决办法

（3）本阶段学习活动中自己最满意的地方和最不满意的地方各写两点。

最满意的地方：＿＿＿＿＿＿＿＿＿＿＿＿＿＿＿＿＿＿＿＿＿＿＿＿＿＿＿＿

＿＿＿＿＿＿＿＿＿＿＿＿＿＿＿＿＿＿＿＿＿＿＿＿＿＿＿＿＿＿＿＿＿＿＿＿＿

最不满意的地方：＿＿＿＿＿＿＿＿＿＿＿＿＿＿＿＿＿＿＿＿＿＿＿＿＿＿＿＿

＿＿＿＿＿＿＿＿＿＿＿＿＿＿＿＿＿＿＿＿＿＿＿＿＿＿＿＿＿＿＿＿＿＿＿＿＿

（二）制定制作方案并作出决策

1. 写出本款男夹克的制作流程。

＿＿＿＿＿＿＿＿＿＿＿＿＿＿＿＿＿＿＿＿＿＿＿＿＿＿＿＿＿＿＿＿＿＿＿＿＿

＿＿＿＿＿＿＿＿＿＿＿＿＿＿＿＿＿＿＿＿＿＿＿＿＿＿＿＿＿＿＿＿＿＿＿＿＿

2. 简要写出本小组的制作方案。

＿＿＿＿＿＿＿＿＿＿＿＿＿＿＿＿＿＿＿＿＿＿＿＿＿＿＿＿＿＿＿＿＿＿＿＿＿

＿＿＿＿＿＿＿＿＿＿＿＿＿＿＿＿＿＿＿＿＿＿＿＿＿＿＿＿＿＿＿＿＿＿＿＿＿

3. 你在制定方案的过程中承担了什么工作？有什么体会？

＿＿＿＿＿＿＿＿＿＿＿＿＿＿＿＿＿＿＿＿＿＿＿＿＿＿＿＿＿＿＿＿＿＿＿＿＿

＿＿＿＿＿＿＿＿＿＿＿＿＿＿＿＿＿＿＿＿＿＿＿＿＿＿＿＿＿＿＿＿＿＿＿＿＿

4. 教师对本小组的方案给出了什么修改建议？为什么？

＿＿＿＿＿＿＿＿＿＿＿＿＿＿＿＿＿＿＿＿＿＿＿＿＿＿＿＿＿＿＿＿＿＿＿＿＿

＿＿＿＿＿＿＿＿＿＿＿＿＿＿＿＿＿＿＿＿＿＿＿＿＿＿＿＿＿＿＿＿＿＿＿＿＿

5. 你认为方案中哪些地方比较难以实施？为什么？你有什么解决办法？

＿＿＿＿＿＿＿＿＿＿＿＿＿＿＿＿＿＿＿＿＿＿＿＿＿＿＿＿＿＿＿＿＿＿＿＿＿

＿＿＿＿＿＿＿＿＿＿＿＿＿＿＿＿＿＿＿＿＿＿＿＿＿＿＿＿＿＿＿＿＿＿＿＿＿

6. 你认为本小组方案中还有哪些可以优化的内容？

＿＿＿＿＿＿＿＿＿＿＿＿＿＿＿＿＿＿＿＿＿＿＿＿＿＿＿＿＿＿＿＿＿＿＿＿＿

＿＿＿＿＿＿＿＿＿＿＿＿＿＿＿＿＿＿＿＿＿＿＿＿＿＿＿＿＿＿＿＿＿＿＿＿＿

7. 引导、评价、更正与完善

（1）在教师引导下，对本阶段的学习活动成果进行自我评价和小组评价（100分制，其中关键能力分权重为 60%，专业能力分权重为 40%），填写表 2-9，然后独立用红笔进行更正和完善。

表 2-9　　　　　　　　　　学习活动成果评价表

项目	类别	分数	项目	类别	分数
个人自评分	关键能力		小组评分	关键能力	
	专业能力			专业能力	

（2）将本阶段学习活动中出现的问题及其产生原因和解决办法填写在表 2-10 中。

表 2-10　　　　　　　　　　问题分析表

出现的问题	产生原因	解决办法

（3）本阶段学习活动中自己最满意的地方和最不满意的地方各写两点。

最满意的地方：_____

_____

最不满意的地方：_____

_____

（三）成品制作与检验

1. 查阅资料，了解单件男夹克排料及裁剪的方法和流程，比较其与批量生产男夹克的方法和流程的不同并进行小组讨论，然后简要写出讨论的结果。

_____

_____

_____

2. 在教师的示范和指导下，根据生产工艺单中的要求，以小组合作的形式进行衣料的排版，讨论并制定出最合理的裁剪方案，把用料情况填写在下面并回答问题。

（1）面料门幅为 144 cm，用料量为＿＿＿＿＿＿＿＿＿＿＿＿＿＿＿＿＿＿＿＿＿

（2）里料门幅为 114 cm，用料量为＿＿＿＿＿＿＿＿＿＿＿＿＿＿＿＿＿＿＿＿＿

扫一扫，观看男夹克排料、裁剪及粘衬演示视频。

（3）本款男夹克与四开身男衬衣在排料时的主要区别是什么？

＿＿＿＿＿＿＿＿＿＿＿＿＿＿＿＿＿＿＿＿＿＿＿＿＿＿＿＿＿＿＿＿＿＿＿＿＿＿＿

＿＿＿＿＿＿＿＿＿＿＿＿＿＿＿＿＿＿＿＿＿＿＿＿＿＿＿＿＿＿＿＿＿＿＿＿＿＿＿

＿＿＿＿＿＿＿＿＿＿＿＿＿＿＿＿＿＿＿＿＿＿＿＿＿＿＿＿＿＿＿＿＿＿＿＿＿＿＿

> **📋 小贴士**
>
> ### 服装用料计算与排料
>
> 服装用料计算主要取决于三个因素，即人体高矮胖瘦、衣料幅宽及服装款式。排料技巧不同，用料计算方法也不尽相同。在服装制作中，用料计算得准确一些，不产生浪费，对节约用料、提高经济效益都有着一定意义。
>
> 1. 用料计算方法
>
> （1）经验计算法
>
> 这种方法根据服装款式、规格和原料幅宽，按实际排料经验得出简单的计算公式。例如，选用幅宽为 144 cm 的衣料做一件男夹克，衣长为 70 cm，袖长为 59 cm，胸围为 110 cm，则用料的计算公式是（单位为 cm）：
>
> $$用料 = 衣长 + 袖长 + 10$$
>
> （2）中心尺寸推档法
>
> 这种方法以幅宽为基础，根据各种款式和规格服装的实际用料得出用料数据，再按衣长、袖长、胸围的变化进行适当增减。例如，选用幅宽为 90 cm 的衣料做一件男夹克，衣长为 70 cm，袖长为 59 cm，胸围为 110 cm，实际用料为 220 cm，则以胸围 110 cm 为男夹克的中间尺寸，其他不同规格男夹克按中间尺寸增减。增减的方法是衣长每增加 1.7 cm 时，用料增加 3 cm；胸围每加大 3.3 cm 时，用料增加 5 cm。反之，则用料相应减少。

（3）平方面积计算法

采用这种方法时，首先算出某一幅宽衣料的用料并求出它的面积，然后将面积除以任意幅宽，就得出该幅宽衣料的用料。例如，选用幅宽为 90 cm 的衣料做一件男夹克，其计算公式为（单位为 cm）：用料 = 衣长 ×2+ 袖长 + 20。当幅宽发生变化时，只要将该服装用料乘以 90 cm，得出面积，再除以变化后的幅宽，得出的数据即为新幅宽的用料。采用这种方法时，用料的计算公式是：

任意幅宽衣料用料数 = 原幅宽 × 原幅宽用料数 ÷ 任意幅宽

2. 排料的方法

（1）单层平排排料法

采用这种方法时，按照毛样版上标注的纱向及裁片数的要求，将毛样版排列在衣料上。

（2）双层折叠排料法

采用这种方法时，先将衣料对折，再按照衣料毛样版上标注的纱向及裁片数的要求，将其排列在衣料上。

3. 在教师的示范和指导下，按制定好的裁剪方案独立完成单件服装衣料裁剪，准确核对制作本款男夹克所需裁片和辅料的种类及数量，进行检查、整理和分类，并做出缝制标记，然后回答下列问题。

（1）面料有哪些裁片？

_____

（2）里料有哪些裁片？

_____

（3）面料裁片上哪些部位需要画净样线、做缝制标记？

_____

_____

（4）里料裁片上哪些部位需要做缝制标记？

_____

（5）制作本款男夹克需要使用哪种衬料？还需要准备哪些辅料？

（6）袋布一般采用＿＿＿＿＿＿＿＿＿＿＿＿＿布。

（7）门襟拉链的长度应怎样设定？

📑 小贴士

检查缝制标记

在缝制前，应进一步检查以下部位的缝制标记是否有错漏，并将其完善。

1. 前衣片：绱领点、袋位、下摆、贴边、腰节位、挂面等。

2. 后衣片：后领中心点、腰节位等。

3. 大袖片：对肩剪口、袖肘点、开衩位等。

4. 小袖片：袖肘点、开衩位等。

5. 大小领片：后领中心点、侧颈点等。

---

4. 在教师的示范和指导下，独立完成裁片粘衬，并完成以下练习或回答以下问题。

（1）按要求在裁片上标出粘衬的部位，并写出粘衬部位的名称。

（2）粘衬的要求是什么？粘衬时应注意哪些问题？

（3）粘衬时对熨斗的温度有什么要求？

_____

_____

_____

📑 **小贴士**

粘 衬

为了使服装整体更加平服、挺括，一般在裁片的某些部位会加放衬布以起到加固作用。

粘衬样版是在面料毛样版的基础上制作的。对于每个配衬部位，粘衬样版都要比面料毛样版四周小 0.3 cm。

一般情况下，挂面、领子、下摆、袋口、嵌线、袖口等部位都需要粘衬。

粘衬样版的丝绺一般与面料的丝绺相同。

---

world skills international 世赛链接

世界技能大赛时装技术项目评分标准中对制作十字对接部分（含里布、面布，不少于4处，不包括拉链处）有严格的考评要求，具体要求是：面布、里布、面里结合部位十字对接整齐平顺，领部缝合无不良吃纵，线条自然平顺；拉链平顺无扭曲，拉动顺畅，顶部平齐，左右高度、两侧宽度一致，底部整齐牢固。

5. 在教师的示范和指导下，独立完成男夹克前衣片分割组合、开前衣片插袋、前衣片整烫等操作，并完成以下练习或回答以下问题。

（1）为什么要先做好前衣片分割组合再开袋？分割线缝合后要怎样熨烫？熨烫时应注意哪些问题？

_____

_____

_____

（2）根据图 2-10，说一说开袋前要准备哪些物料，袋口布、袋贴布、袋布的具体规格是多少。

_____

_____

_____

扫一扫，观看男夹克开插袋演示视频。

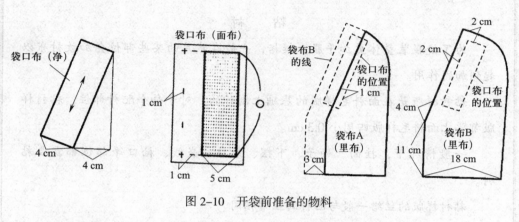

图 2-10　开袋前准备的物料

（3）根据图 2-11，说一说缝制袋牌和缉明线时各需要注意哪些问题。

_____

_____

_____

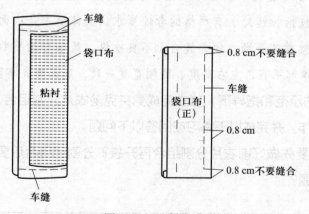

图 2-11　缝制袋牌

（4）图 2-12 是本款男夹克插袋缝制示意图，请根据其正确的操作顺序在图片下方写上数字编号。

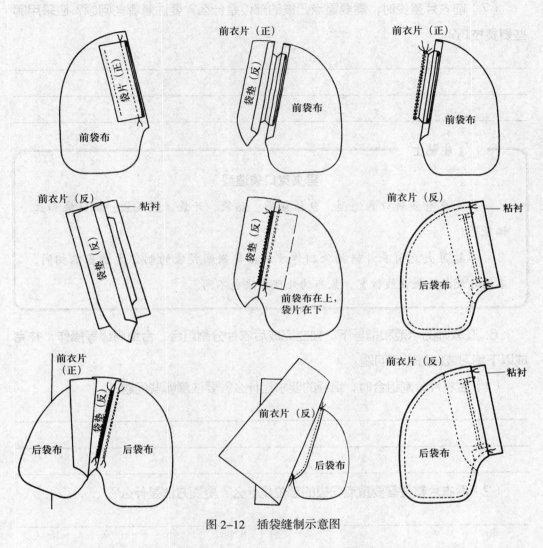

图 2-12 插袋缝制示意图

（5）开袋时要注意哪些问题？有什么技巧？需要借助什么缝制工具？

_____

_____

_____

（6）前衣片整烫的步骤是什么？

_____

_____

_____

_____

（7）前衣片整烫时，需要重点归拔的部位是什么？要注意哪些问题？应采用哪些熨烫技巧？

_____

_____

_____

> 📋 **小贴士**
>
> **男夹克口袋造型**
>
> 　　男夹克有多种口袋造型，包括插袋、贴袋、开袋、嵌线袋、拉链袋和立体袋等。
>
> 　　本款男夹克前衣片斜插袋制作方法与单嵌线挖袋的制作方法基本相同，不同之处是此袋嵌线较宽，袋布的处理方法也不同。

　　6. 在教师的示范和指导下，独立完成后衣片分割组合、合缉肩缝等操作，并完成以下练习或回答以下问题。

（1）后衣片分割组合时，缉缝的要求是什么？要注意哪些问题？

_____

_____

_____

（2）后衣片整烫需要重点归拔的部位是什么？熨烫方法是什么？

_____

_____

_____

（3）根据图2-13，说一说合缉肩缝时有什么缉缝技巧，应注意哪些问题。

_____

_____

_____

（4）根据图 2-14，说一说分烫肩缝时应采用什么熨烫方法。

_____

_____

_____

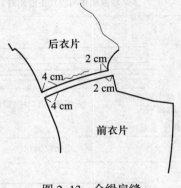

图 2-13　合缉肩缝

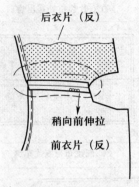

图 2-14　分烫肩缝

7. 在教师的示范和指导下，独立完成做里子、开里袋等操作，并完成以下练习或回答以下问题。

（1）拼接挂面时应注意哪些问题？会用到哪些缝制技巧？

_____

_____

（2）将里子与挂面缝合时，应将挂面与_____面相对进行缉缝，缉缝时上下两层的_____要一致。

（3）根据图 2-15，说一说开里袋的具体步骤和方法。

_____

_____

_____

扫一扫，观看男夹克开里袋演示视频。

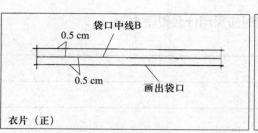

①在衣片袋位处画出袋口

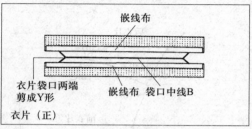

②将嵌线布与衣片正面相对

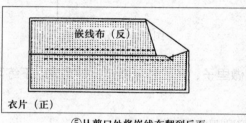

③嵌线布与衣片车缝

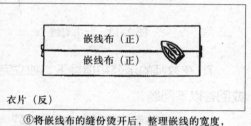

④衣片袋位剪口

⑤从剪口处将嵌线布翻到反面

⑥将嵌线布的缝份烫开后，整理嵌线的宽度，单条宽度为0.5 cm

⑦在衣片正面，将上下嵌线布用手针假缝固定

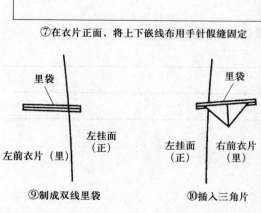

⑨制成双线里袋

⑩插入三角片

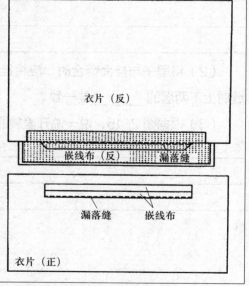

⑧将袋布下侧的衣片掀开，把分烫后衣片的缝份与嵌线布沿车缝线固定

图 2-15　开里袋

（4）开里袋的工艺要求是：挂面缝合位置要准确，_____与挂面松紧一致。里袋_____左右对称，_____处无毛漏，_____宽窄一致、松紧适宜。

8. 在教师的示范和指导下，独立完成装面、里下摆脚贴，做门襟止口，装拉链等操作，并完成以下练习或回答以下问题。

（1）装面、里下摆脚贴时，需要注意哪些问题？说一说装下摆脚贴的步骤和缝制技巧。

_____

_____

_____

（2）做门襟止口前要先固定拉链，将拉链放于_____之上，拉链上口折转，固定拉链与_____。缉线要离开_____0.3 ~ 0.5 cm，如果太靠近链齿会影响拉动。缉线时一定要注意，拉链与_____要松紧一致，拉链的高低要一致。在距挂面下端 2 cm 处不缉，以便挂面与前身_____缝合。

（3）做门襟止口时，应先做右止口，再做左止口。做右止口时，要先将衣身的_____与脚贴的一边缝合，脚贴的另一边与_____及夹里的下摆缝合，缉线1 cm。然后，将挂面放于_____之上，正面相对，沿已固定拉链的线迹进行缉线，上段留 1 cm 不缉，以便绱_____。缉好右止口后，将衣身翻向正面并用熨斗烫实。挂面下摆的缝份为_____，夹里下摆的缝份为_____，倒向里子。

（4）要沿固定拉链的缉线将其_____，上端_____cm 处不缉。要注意上下层松紧一致，上端对齐即可。

（5）做左止口时，要先将衣身的_____与脚贴的一边缝合，脚贴的另一边与挂面及夹里的_____缝合，缉线 1 cm。可先基于前衣片下摆前端点进行 45° 开剪。最后将门襟_____缉好并翻向正面，用熨斗烫实，门襟_____面向外吐 0.1 cm。

（6）门襟装拉链的工艺要求是：左右_____长短一致、平服、顺直，拉链与_____松紧一致；拉链拉合后，上下层_____要对合一致，门襟不_____，缉线松紧要一致。

9. 在教师的示范和指导下，独立完成做领、绱领等操作，并完成以下练习或回答以下问题。

（1）做领时，要分别将领面、领里的分割缝进行缉缝。因为上下层分割线的曲率相反，所以拼合时要一段一段进行缉缝，在颈肩点处翻领要有 0.5 cm 的吃势。注意后中心点要对位，最后将分割缝烫为分开缝，并距分割缝上下缉 0.1 cm 的明线，如图 2-16 所示。这样做的作用是什么？

_____

_____

_____

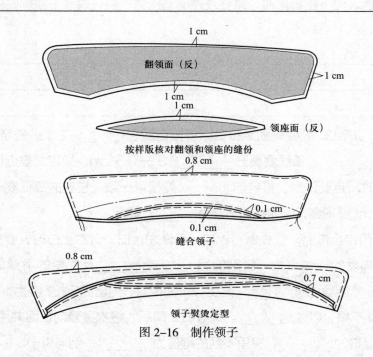

图 2-16　制作领子

（2）缉好分割缝后，将领面、领里正面相对，_____在下，_____在上。分割缝上下对齐后，领面要有_____cm 的放松量。再将领面、领里的___口对齐，按_____进行缉线，在两领角处领面要有吃势。领子两端_____处的缝份不用缉缝。

（3）翻烫领子时，先将领子外口的缝份修剪为一层是_____cm，另一层是 0.7 cm，圆角处修剪为 0.3 cm。然后将领子翻出，领面比领里吐出_____cm，并烫出_____。最后修剪领下口，领里领下口缝份修剪为 0.8 cm，领面领下口缝份修剪为 1 cm，要留出领子的里外_____。在领下口线处将三个_____点找准，并做上记号。

（4）绱领时，将领子放于衣身的_____，衣身面在里侧，衣领与衣身领口_____面相对。缉线时_____在上，_____在下，先缉_____一侧的领下口线，再缉_____一侧的领下口线，两端打_____针，绱领点要对好。此缉线呈圈状，故该绱领方法称为_____。

（5）绱领时，领面的两端要吐出 0.1 cm，缉线时上下层要松紧一致，如

图 2-17 所示。这样做的目的是什么？

_____

_____

_____

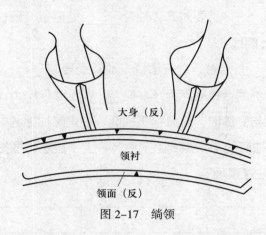

大身（反）

领衬

领面（反）

图 2-17　绱领

（6）绱领的工艺要求是什么？上下绱领点对位的作用是什么？

_____

_____

_____

（7）领子装好后，熨烫领下口缝份时，领面与衣身面料接合处为分开缝，领面与里子接合处为倒缝，倒向里子。这样做的作用是什么？

_____

_____

_____

10. 在教师的示范和指导下，独立完成做袖、装袖、合缉袖缝、绱垫肩、装袖英等操作，并完成以下练习或回答以下问题。

（1）合缉袖缝时，要将大小袖片的外袖缝进行缉缝，小袖片在上，大袖片在下，夹里的开衩点要高于袖面的开衩点 0.3 cm。为什么要这样做？

_____

_____

_____

（2）合缉袖缝时，大袖片缝份修剪为 0.6 cm，小袖片缝份要大于明线，宽

0.4 cm。缝份向前烫倒，并缉 0.8 cm 的明线。为什么要这样做？

_____

_____

_____

（3）装袖时，肩_____点要对齐，袖片_____处略紧，缝份向_____烫倒，并沿衣片袖窿缉 0.8 cm 明线。

（4）将袖英_____面相对，进行缉缝，袖头面要略_____，再将其翻到正面，面比里吐出 0.1 cm。然后，将袖英烫好，在_____面缉 0.8 cm 明线。

（5）合缉袖底缝与侧缝时，应分别将袖面、袖里的袖底缝、侧缝正面相对后进行缉缝，袖子与夹里袖底的十字点要上下对齐，上下层衣片要松紧一致。这样做的目的是什么？有哪些注意事项？

_____

_____

_____

（6）衣面的袖底缝及侧缝要分开缝，衣里的袖底缝及侧缝应倒向_____。

（7）绱垫肩时，前垫肩量小于后垫肩量 1 cm，垫肩外侧比袖窿多出 0.5 cm。这样做的作用是什么？

_____

_____

_____

（8）在袖窿缝份上与垫肩攘缝时，注意攘线既不能太松也不能太紧。太松或太紧，各会造成什么问题？

_____

_____

_____

（9）装袖英的工艺要求是什么？哪些部位需要特别注意？

_____

_____

_____

11. 在教师的示范和指导下，独立完成锁扣眼、钉扣及整烫等操作，并完成以下练习或回答以下问题。

（1）本款男夹克需锁扣眼、钉扣的位置在哪里？有什么具体的方法和要求？

_____

_____

_____

（2）说一说男夹克成品整烫的步骤和整烫的要求。

_____

_____

_____

📓 **小贴士**

　　夹克在整烫前要先把各部位线头修剪干净，并准备好干、湿两块烫布以及布馒头、铁凳、烫凳等工具，然后再熨烫。由于夹克属于穿着比较随意的服装，所以对整烫要求并不高。熨烫步骤是，先烫门襟和里襟止口、底边与领头，后烫前后身与袖子部位。

---

12. 在教师的示范和指导下，参照世界技能大赛评分标准完成所做男夹克的质量检验，并独立填写质检步骤。

_____

_____

_____

_____

13. 在教师的示范和指导下，参照世界技能大赛评分标准，对制成的男夹克进行自我测评，并将得分填写在表 2-11 中。

表 2-11　　　　　　　　　　　成品评分表

序号	分值	评价项目	评分标准	得分
1	10	按照工艺要求，完成男夹克制作	完成得分，未完成不得分	
2	10	外观干净整洁，无脏斑，未过度熨烫，未熨烫不足，无线头，无破损	每处错误扣 2 分，扣完为止	

续表

序号	分值	评价项目	评分标准	得分
3	8	尺寸合乎要求,公差范围为:衣长 ±1 cm、胸围 ±1.5 cm、袖长 ±0.7 cm、总肩宽 ±0.6 cm	每处错误扣 2 分,扣完为止	
4	6	裁片丝缕准确,有条格的面料应对条对格	每处错误扣 2 分,扣完为止	
5	4	线迹密度不少于 14 ~ 18 针 /3 cm,误差为 2 针 /3 cm。线迹松紧适度,中间无跳线、断线、接线	每处不符扣 1 分,扣完为止	
6	10	插袋位置正确,袋牌宽窄一致,封口扎线规整,袋角方正,松紧适宜 里袋位置正确,开线顺直,嵌线均匀,袋角方正,封结扎线规整	每处不符扣 2 分,扣完为止	
7	8	门襟拉链左右宽度一致,装好后不起拱、不起吊,长度适中	每处不符扣 2 分,扣完为止	
8	6	胸部挺括,左右对称,面、衬、里松紧适宜 肩部平服,肩缝顺直,两肩长短一致 后背、腰部平服,背缝、摆缝顺直	每处不符扣 2 分,扣完为止	
9	8	领口、领角平服,左右对称,止口不外吐。上领端正,整齐牢固,领窝圆顺	每处不符扣 2 分,扣完为止	
10	6	装袖平顺,前后适宜,无涟形,无吊紧。袖英对称,大小一致	每处不符扣 2 分,扣完为止	
11	4	钉扣牢固,扣眼整齐,眼距相等,扣与扣眼位相对扣眼位距离偏差小于 0.4 cm,扣与扣眼位互差小于 0.2 cm,扣眼大小互差小于 0.2 cm	每处不符扣 2 分,扣完为止	
12	4	底边方正,面、里平服,宽窄一致	每处不符扣 1 分,扣完为止	
13	6	里与面、衬平服,挂面松紧适宜,窝势弯顺	每处不符扣 1 分,扣完为止	
14	5	各部位熨烫平服、整洁美观,无烫黄、变色现象,无极光、污渍	每处不符扣 1 分,扣完为止	
15	5	工作结束后,工作区整理干净,关闭机器、设备电源	完成得分,未完成不得分	
总分				

14. 制作完成后，以小组为单位，填写表 2-12。

表 2-12　　　　　　　　　　　设备使用记录表

设备类型	是否正常使用	
	是	否，是如何处理的
裁剪设备		
缝制设备		
整烫设备		

15. 在教师的示范和指导下，在下方写出封样意见，然后对照封样意见，将男夹克成品调整到位。

_____

_____

_____

16. 引导、评价、更正与完善

（1）在教师引导下，对本阶段的学习活动成果进行自我评价和小组评价（100分制，其中关键能力分权重为 60%，专业能力分权重为 40%），填写表 2-13，然后独立用红笔进行更正和完善。

表 2-13　　　　　　　　　　学习活动成果评价表

项目	类别	分数	项目	类别	分数
个人自评分	关键能力		小组评分	关键能力	
	专业能力			专业能力	

（2）将本阶段学习活动中出现的问题及其产生原因和解决办法填写在表 2-14中。

表 2-14　　　　　　　　　　　问题分析表

出现的问题	产生原因	解决办法

（3）本阶段学习活动中自己最满意的地方和最不满意的地方各写两点。

最满意的地方：_____

最不满意的地方：_____

（四）成果展示与评价反馈

1. 在教师的示范和指导下，在小组内进行作品展示（包括平面展示、人台展示或其他展示），然后经由小组讨论，推选出一件最佳作品，进行全班展示与评价，并由组长简要介绍推选的理由，小组其他成员做补充并记录。

小组最佳作品制作人：_____

推选理由：_____

其他小组评价意见：_____

教师评价意见：_____

2. 引导、评价、更正与完善

（1）在教师引导下，对本阶段的学习活动成果进行自我评价和小组评价（100分制，其中关键能力分权重为60%，专业能力分权重为40%），填写表2-15，然后独立用红笔进行更正和完善。

表2-15　　　　　　　　学习活动成果评价表

项目	类别	分数	项目	类别	分数
个人自评分	关键能力		小组评分	关键能力	
	专业能力			专业能力	

（2）将本阶段学习活动中出现的问题及其产生原因和解决办法填写在表2-16中。

表2-16　　　　　　　　问题分析表

出现的问题	产生原因	解决办法

（3）本阶段学习活动中自己最满意的地方和最不满意的地方各写两点。

最满意的地方：_____

_____

最不满意的地方：_____

_____

（4）根据本次学习活动完成情况，填写表 2-17。

表 2-17　　　　　　　　　　学习活动考核评价表

班级：　　　　学号：　　　　姓名：　　　　指导教师：

评价项目	评价标准	评价依据（信息、佐证）	评价方式			得分小计	权重	总分
			自我评价	小组评价	教师（企业）评价			
			10%	20%	70%			
关键能力	（1）能正确使用劳动防护用品，执行安全操作规程 （2）能参与小组讨论，制定方案，相互交流与评价 （3）能积极主动、勤学好问 （4）能清晰、准确表达，与相关人员进行有效沟通 （5）能清扫场地，整理操作台，归置物品，填写设备使用记录	（1）课堂与企业实践表现 （2）工作页填写 （3）工作总结					40%	
专业能力	（1）能独立完成单件男夹克衣料裁剪，并能对裁片进行检查、整理和分类 （2）能在教师的示范和指导下，依据生产工艺单和生产条件制定男夹克制作方案，并通过小组讨论作出决策 （3）能在教师的示范和指导下，独立完成单件男夹克成品制作	（1）课堂与企业实践表现 （2）工作页填写 （3）完成男夹克的制作					60%	

续表

评价项目	评价标准	评价依据（信息、佐证）	评价方式			得分小计	权重	总分
			自我评价	小组评价	教师（企业）评价			
			10%	20%	70%			
专业能力	（4）能记录男夹克制作过程中的疑难点，讲述制作的基本流程、方法和注意事项 （5）能讲述男夹克质量检验的内容和要求 （6）能在男夹克制作过程中，按照企业标准或参照世界技能大赛评分标准，动态检验制作结果，并在教师的示范和指导下解决相关问题，及时作出更正	（1）课堂与企业实践表现 （2）工作页填写 （3）完成男夹克的制作						
指导教师综合评价	指导教师签名：　　　　　　　　　　　　　　日期：							

（5）从工艺改进和革新方面写一份 300 ~ 500 字的工作总结。

_____

_____

_____

_____

_____

_____

_____

_____

_____

_____

_____

_____

_____

_____

_____

_____

_____

_____

_____

_____

_____

_____

_____

_____

三、学习拓展

　　说明：本阶段学习拓展建议课时为 6 ~ 8 课时，要求学生在课后独立完成。教师可根据本校的教学需要和学生的实际情况，选择部分或全部进行实践，也可另行选择相关拓展内容，或者不实施本学习拓展，而将相关课时用于前述正装男夹克制作的学习活动。

　　要求：查阅相关学材或企业生产工艺单，通过小组讨论，制定图 2-18 所示立领插肩袖男夹克和图 2-19 所示女式牛仔夹克的制作方案，然后分别完成单件样衣的制作。

拓展任务 1：立领插肩袖男夹克制作

　　立领插肩袖男夹克的外形及特点：前门襟明拉链，衣领关时为立领，敞开时为驳领，插肩袖结构，缉明止口线 0.8 cm，两侧有斜插袋，袖口为松紧口，下摆为拉橡皮筋收紧。款式新颖大方，穿脱方便。

成品规格（号型为 170/88 A）见表 2-18。

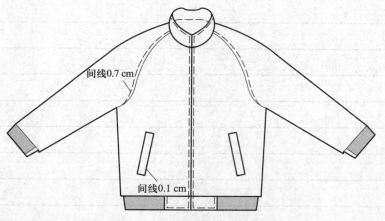

图 2-18　立领插肩袖男夹克

表 2-18			成品规格			单位：cm
项目	衣长	肩宽	领围	胸围	袖长	袖口
规格	70	46	44	118	60	30

📖 拓展任务 2：女式牛仔夹克制作

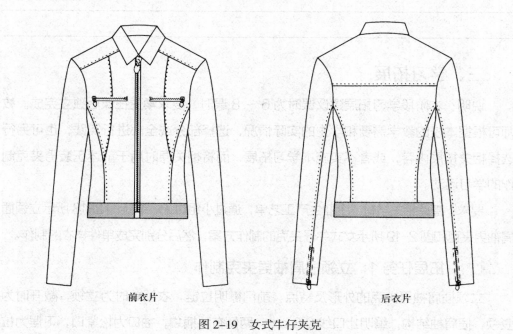

前衣片　　　　　　后衣片

图 2-19　女式牛仔夹克

女式牛仔夹克的外形及特点：关门小翻领，领头分为上、下领（上盘、下盘），平装袖，袖片有一纵向拼缝，袖口设袖衩、装拉链。前衣片有纵向和斜向分割缝，左右对称开两只拉链上袋，门襟装拉链。后衣片设有横向和纵向分割线。下摆为拉橡皮筋收紧。肩缝、拼接分割缝、前袖缝、后袖缝缉双明线。

成品规格（号型为 160/84 A）见表 2-19。

表 2-19　　　　　　　　　　　　　　成品规格　　　　　　　　　单位：cm

项目	衣长	肩宽	领围	胸围	袖长	袖口
规格	58	39	40	96	58	24

男西服制作

学习目标

1. 能结合世界技能大赛技术标准，严格遵守企业安全生产制度，在工作中养成严谨、认真、细致的职业素养，服从工作安排。

2. 能按照生产安全防护规定，正确使用劳动防护用品，执行安全操作规程。

3. 能按要求准备好制作男西服所需的工具、设备、材料及各项技术文件。

4. 能查阅相关技术资料，讲述男西服制作过程中常用手缝针法以及熨烫工具的名称与功能，并正确操作。

5. 能识读男西服生产工艺单及有关各项技术文件，明确男西服制作的工艺流程、方法、工艺要求和注意事项，准确核对制作男西服所用样版种类、规格和数量，并区分各自用途。

6. 能在教师的示范和指导下，依据生产工艺单和生产条件，确定男西服制作方案，并通过小组讨论作出决策。

7. 能按男西服制作方案，独立完成单件男西服衣料裁剪。能准确核对制作男西服所需裁片和辅料的种类及数量，进行检查、整理和分类，做出缝制标记。能独立完成男西服成品制作。

8. 能记录男西服制作过程中的疑难点，通过小组讨论、合作探究或在教师的示范和指导下，提出较为合理的解决办法。

9. 能在男西服制作过程中，按照企业标准或参照世界技能大赛评分标准，动态检验制作结果，并在教师的示范和指导下解决相关问题，及时作出更正。

10. 能讲述男西服成品质量检验的内容和要求。

11. 能按照企业标准或参照世界技能大赛评分标准对男西服成品进行质量检验，并依据检验结果，将男西服成品修改到位。

12. 能清扫场地，整理操作台，归置物品，整理并归类资料，填写设备使用记录。

13. 能展示男西服制作各阶段成果并进行评价。

14. 能根据评价结果作出相应反馈。

15. 操作过程中能严格遵守"8S"管理规定。

建议学时

80 学时。

学习任务描述

　　某服装企业工艺师接到技术主管安排的男西服成品制作任务后，依据生产工艺单，从技术人员手中领取全套基础样版，并到仓库领取相关衣料，进行单件服装的排料、裁剪，然后在车缝工位上按照生产工艺要求和拟订的工艺流程进行制作。

　　制成男西服成品后，工艺师对照生产工艺单进行产品质量检验，复核各部位的尺寸，填写相应表格并详细记录。

　　最后，工艺师将样衣成品、样版和相关技术资料全部移交给技术人员，并办理相关移交手续。

学习流程

　　1. 学生接到任务、明确目标后，查阅男西服制作的相关资料，准备好用于实施任务的工具、设备、全套基础样版、衣料和相关学材。

　　2. 在教师的示范和指导下，学生依据男西服生产工艺单，按样版及工艺要求，确定制作方案，并通过小组讨论作出决策。

　　3. 学生独立完成单件服装的排料、裁剪，并对裁片进行检查、整理和分类。裁剪好后，在教师的示范和指导下，独立完成男西服成品的制作。然后，学生按照生产工艺单的要求进行质量检验，判断男西服成品是否合格。

　　4. 学生清扫场地，整理操作台，归置物品，填写设备使用记录。然后，提交完成的男西服成品，进行展示和评价。

学习活动
平驳领正装男西服制作

一、学习准备

1. 准备缝制设备及工具、整烫设备。准备 170/92 A 男式人台、面料、里料、辅料、工作服。

2. 获取安全操作规程、生产工艺单（见表 3-1）、全套基础样版、服装裁剪工艺和缝制工艺相关学材。

表 3-1　　　　　　　　　　生产工艺单

款式名称	平驳领正装男西服					
款式图	前衣片　　　　　　后衣片				款式说明： 　平驳领，下身设有两个双嵌线带盖口袋，圆下摆，左胸设有手巾袋，单排2粒扣，后中缝断开，三开身六片结构，合体两片袖，袖口各3粒扣	
成品规格 （单位：cm）	项目	S	M	L	档差	公差
	衣长	72	74	76	2	±1
	领围	43	44	45	1	±0.5
	胸围	104	108	112	4	±2
	肩宽	44.8	46	47.2	1.2	±0.6
	袖长	57.5	59	60.5	1.5	±0.8
	袖口	29	30	31	1	±0.5

续表

制版工艺要求	（1）制版充分考虑款式特征、面料特性和工艺要求 （2）样版干净整洁，标注清晰规范 （3）辅助线、轮廓线清晰、平滑、圆顺 （4）样版结构合理，尺寸符合要求，对合部位长短一致 （5）样版类型齐全，数量准确，标注规范 （6）省、剪口、钻眼等位置正确，标记齐全，缝份、折边量符合要求 （7）样版轮廓光滑、顺畅，无毛刺 （8）样版校验无误，修正完善到位
排料工艺要求	（1）合理、灵活应用"先大后小、紧密套排、缺口合并、大小搭配"的排料原则 （2）确保部件齐全、排列紧凑、套排合理、丝缕正确、拼接适当，减少空隙。既要符合质量要求，又要节约原料 （3）合理解决倒顺毛、倒顺光、倒顺花，以及对条、对格、对花和色差衣料的排料问题
用料计算要求	（1）充分考虑款式特点、服装规格、颜色搭配、具体的工艺要求和裁剪损耗，考虑具体的衣料幅宽和特性 （2）宁略多，勿偏少
制作工艺要求	（1）采用 14 号机针缝制，线迹密度为 12～14 针 /3 cm，线迹松紧适度，中间无跳线、断线 （2）各部位合乎规格，公差不超过规定范围，面、里、衬松紧适宜 （3）领头、驳头、串口平服顺直，丝缕正确，左右两格宽窄、高低一致，条格对称 （4）前身胸部饱满。吸腰平服，丝缕顺直。衣袋高低一致，左右对称，袋口嵌线宽窄一致。袋角方正，袋盖窝服。门襟、里襟长短一致，止口顺直、薄、挺、平服、不外吐。胸省顺直，高低一致，省尖无"酒窝"。下摆衣角圆顺，左右对称一致，底边顺直 （5）后背平服、方登，背缝顺直，腰胯匀服，条格对称，袖窿有戤势 （6）肩部前后平挺，肩缝顺直，丝缕正确，肩头略带翘势 （7）装袖圆顺，前圆后登。袖子吃势均匀，两袖圆顺居中，前后适宜，无涟形，无吊紧。袖口平整，大小一致 （8）锁扣眼、钉扣符合要求 （9）各部位熨烫平服，挺缝线顺直，无烫黄、变色现象，无极光、水渍、污渍，无破损 （10）里子光洁、平整，坐势正确 （11）整烫平、薄、挺、圆、顺、窝、活
制作流程	排料→裁剪→检查裁片→验片→打线丁→收省、缝合侧片→分烫省缝、拼缝→推、归、拔前衣片→制作胸衬→敷衬→纳驳头→缝制手巾袋→缝制双嵌线袋袋盖→缝制双嵌线袋→装袋盖→修止口→敷牵条→烫前身→开里袋→敷挂面→翻止口→做后衣片→缝合摆缝→兜翻底边→拼肩缝→做领、装领→做、装袖子→固定垫肩、缝弹袖棉→缲扣眼→整烫→钉扣→检验→填写封样意见
备注	

3. 划分学习小组，每组 5 ~ 6 人，填写表 3-2。

表 3-2   学习小组成员表

组号	本组成员姓名	组长编号	组长姓名	本人编号	本人姓名

4. 进入工作场地之前，长发的女生自己检查一下，头发是否束好，是否在胸前佩戴了长的挂饰品。说一说进入工作场地之前为什么需要束发，为什么不能佩戴长的挂饰品。

_____

_____

_____

5. 自己检查一下，是否将无瓶盖的饮品带入工作场地。列举在学习过程中可能存在的 2 ~ 3 种安全隐患。

_____

_____

_____

world skills international 世赛链接

在世界技能大赛时装技术项目评分标准中，安全生产也是一项重要的评分指标，它主要考核选手们的安全生产意识。例如，比赛结束时，选手是否将设备电源关闭，是否保持工位整洁等。

二、学习过程

（一）明确工作任务，获取相关信息

1. 查阅资料，了解现代工艺西服、半传统工艺西服及传统工艺西服的制作工艺有什么不同，说一说这几种西服各适合用什么面料进行制作。

_____

_____

_____

📑 小贴士

西 服

西服又称西装、洋装，通常指具有规范样式的男式西式套装。西服产生于西欧，清末传入我国。现代西服已由西欧辐射到世界各地，流行于全世界，成为男士的国际性服装。西服经过长期变化，现已形成了比较固定的样式与穿着习惯。

1. 西服的主要特点

西服的结构和缝制工艺是非常严谨的，它主要基于男性形体结构，建立了一套较科学、规范的立体塑造方法，根据款式特点，呈现男性形体的最佳状态。

2. 西服的制作工艺

（1）现代西服制作工艺

现代西服制作工艺是一种粘合衬制作工艺，是采用先进的流水线设备，批量生产西服所用的工艺。西服粘合衬制作工艺如图3-1所示。

图3-1 西服粘合衬制作工艺示意图

1）这种工艺的优点如下：

①选配的衬布质轻、柔软，富有弹性，充分体现了现代西服轻、薄、挺、软和穿着舒适的特点。

②生产效率高，成本低，适合大规模流水线制作。

2）这种工艺的缺点如下：

①前身平整，略显生硬。穿者如果胸肌不够发达，不会有胸部饱满的感觉。

②耐穿性不如毛衬西服，经常穿着（每周1～2次）时寿命一般少于5年。

③粘合衬会破坏部分超细羊毛面料轻柔飘逸的感觉，因此高级面料不太适合采用这种工艺。

（2）半传统西服制作工艺

半传统西服制作工艺在传统西服制作工艺的基础上进行了适当简化，是一种半毛衬制作工艺，它保留了传统西服制作工艺的主要特点。西服半毛衬制作工艺如图3-2所示。

图3-2　西服半毛衬制作工艺示意图

1）敷衬方式。敷衬通常有以下两种方式。

①在西服前衣片的相应部位粘合有纺粘合衬作为大身衬。

②在大身腰节以上的部位选用优质黑炭衬作为主胸衬，驳头衬也用同样的黑炭衬。在胸部和肩部同样选用优质黑炭衬、高密度马尾衬和胸绒制成的组合胸衬。

2）优点。衣身较为轻薄，穿着合体、舒适。与传统西服制作工艺相比，这种工艺相对简便、省时，加工成本有所降低。

3）缺点。成衣的保形性不及传统工艺西服。

（3）传统西服制作工艺

传统西服制作工艺是一种全毛衬制作工艺。全毛衬也称全麻衬，全毛衬制作工艺是目前国内外高级定制西服和高档名牌西服首选的制作工艺，如图3-3所示。

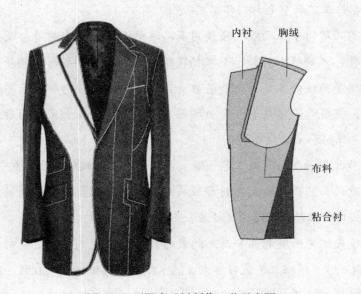

内衬　胸绒

布料

粘合衬

图3-3　西服全毛衬制作工艺示意图

传统工艺西服采用全毛衬敷衬方式制作，即西服上衣的大身、驳头和挂面等部位不用粘合衬，全部选用高档优质黑炭衬。西服的胸部和肩部使用优质黑炭衬、高密度马尾衬和胸绒组合而成。全毛衬制作工艺复杂，其中敷毛衬工序一般要在湿度为90%的环境下手工操作，使面料恢复到织布环境中自然舒展的状态，非常费工耗时。

1）这种工艺的优点如下：

①合体修身，穿着舒适。西服线条流畅，立体感很强。

②衣身胸部非常饱满、挺括。

③采用纯天然优质衣料，绿色环保。

2）这种工艺的缺点如下：

①做工十分考究，耗费工时较多。

②选用的衣料都很高档，所以制作成本很高，一般为普通西服成本的5～6倍。

（4）手工西服制作工艺

一件纯手工西服并不是所有工序都是靠手工完成的，而是关键部位和关键工序（如裁剪、装袖、缝内里、纳驳头等）由手工完成。手工西服一般采用半毛衬制作工艺和全毛衬制作工艺。

一套高品质的手工西服，除使用高品质的面辅料和内衬外，还要具备手工的工艺特色，如鸡爪钉扣、手工插花眼、手工扣眼、船形口袋等。这些体现的不仅仅是西服的品质，还是着装者高品位的着装理念和生活态度。身穿手工西服，整套西服像是有一套自动适应系统，在穿着一定时间后，西服会根据着装者体形和活动微量调节。

3. 现代工艺西服与传统工艺西服、半传统工艺西服的主要区别

（1）现代工艺西服的大身衬和驳头衬均以有纺粘合衬替代黑炭衬，而且大身和驳头部位的粘合衬通常又连在一起进行裁剪与粘合。

（2）现代工艺西服胸部和肩部的敷衬广泛采用预先加工定型制成的组合胸衬（开片衬），根据工艺流程要求在流水线上直接进行缝纫组装。

（3）现代工艺西服领里常用的领底衬改用可塑性更好的领底呢，可使西服的领部造型和贴体效果更好。

2. 在表 3-3 中写出图例所示手缝针法的名称及其在传统工艺西服制作中的用途。

表 3-3   手缝针法

针法图例	针法名称及用途
衣片（正）	

针法图例	针法名称及用途
衣片（反） 贴边（正）	
衣片（反） 贴边（正）	
牵条	
贴边（正） 衣片（反）	

3. 制作传统工艺西服还会用到哪些针法?

_____

_____

 世赛链接

领、袖、口袋、扣眼等部位的制作质量对整件服装的外观影响很大,它们也是世界技能大赛时装技术项目的重要评分项目。相关的要求是:

1. 领子缝合牢固,外口平顺,角度对称,留有必要的倒伏量及放松量,与领窝缝合牢固、圆顺,左右对称。

2. 袖子安装圆顺,吃量适宜,形状好,前后及左右对称,长度符合要求。

3. 袋口自然闭合、平服,袋布深浅适宜、长度一致、左右对称,袋线宽窄一致,袋角无毛烂。

4. 扣眼自然闭合、平服,大小适宜,扣眼线宽窄一致,角位无毛烂。

4. 在教师的引导下,独立填写表 3-4。

表 3-4 学习任务与学习活动简要归纳表

本次学习任务的名称	
本次学习任务的内容	
本次学习活动的名称	
本次学习活动的专业能力目标	
本次学习活动的关键能力目标	
本次学习活动的主要内容	
本次学习活动的操作流程	
实现难度较大的目标	

5. 查阅资料，在表 3-5 中写出几种常用熨烫工具的名称和用途。

表 3-5　　　　　　　　　　　常用熨烫工具

工具图例	工具名称和用途
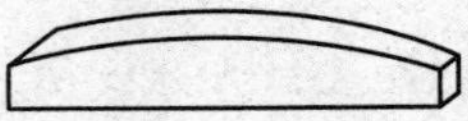	
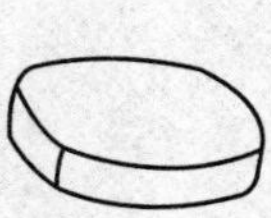	

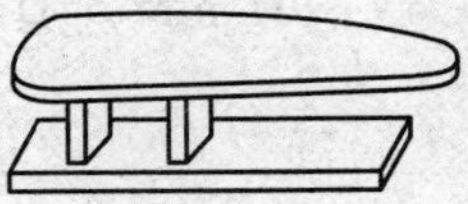	

6. 查阅资料，写出吸风烫台主要部件的名称，并简要写出其功能。

_____

_____

_____

> **小贴士**
>
> ### 吸风烫台
>
> 吸风烫台（见图 3-4）又称烫台，主要用于服装制作，是蒸汽熨烫必不可少的专业设备。吸风烫台按功能不同可分为平烫机烫台和压烫机烫台，按结构不同可分为无臂烫台、单臂烫台和双臂烫台，按启动方式不同可分为点动烫台和脚踏烫台。

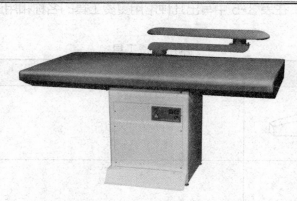

图 3-4　吸风烫台

　　吸风烫台的工作原理是，离心电动机高速旋转产生强大的气流向下流动，在熨烫时通过自吸风装置产生吸力，防止面料随熨斗移动，将熨烫过的面料快速冷却、定型。

7. 引导、评价、更正与完善

（1）在教师引导下，对本阶段的学习活动成果进行自我评价和小组评价（100分制，其中关键能力分权重为 60%，专业能力分权重为 40%），填写表 3-6，然后独立用红笔进行更正和完善。

表 3-6　　　　　　　　　　学习活动成果评价表

项目	类别	分数	项目	类别	分数
个人自评分	关键能力		小组评分	关键能力	
	专业能力			专业能力	

（2）将本阶段学习活动中出现的问题及其产生原因和解决办法填写在表 3-7中。

表 3-7　　　　　　　　　　问题分析表

出现的问题	产生原因	解决办法

（3）本阶段学习活动中自己最满意的地方和最不满意的地方各写两点。

最满意的地方：_____

_____

最不满意的地方：_____

_____

（二）制定制作方案并作出决策

1. 简要写出本小组的制作方案。

_____

_____

_____

2. 你在制定方案的过程中承担了什么工作？有什么体会？

_____

_____

_____

3. 教师对本小组的方案给出了什么修改建议？为什么？

_____

_____

_____

4. 你认为方案中哪些地方比较难以实施？为什么？你有什么解决办法？

_____

_____

_____

5. 小组最终作出了什么决定？是如何作出的？

_____

_____

_____

6. 引导、评价、更正与完善

（1）在教师引导下，对本阶段的学习活动成果进行自我评价和小组评价（100分制，其中关键能力分权重为60%，专业能力分权重为40%），填写表3-8，然后独立用红笔进行更正和完善。

表 3-8　　　　　　　　　学习活动成果评价表

项目	类别	分数	项目	类别	分数
个人自评分	关键能力		小组评分	关键能力	
	专业能力			专业能力	

（2）将本阶段学习活动中出现的问题及其产生原因和解决办法填写在表 3-9 中。

表 3-9　　　　　　　　　问题分析表

出现的问题	产生原因	解决办法

（3）本阶段学习活动中自己最满意的地方和最不满意的地方各写两点。

最满意的地方：_____

_____

最不满意的地方：_____

_____

（三）成品制作与检验

1. 查阅资料，了解单件男西服排料及裁剪的方法和流程，比较它与批量生产男西服排料及裁剪的方法和流程有哪些不同，并进行小组讨论，然后各自写出讨论的结果。

_____

_____

_____

📋 **小贴士**

样 版 排 放

　　样版排放是在满足设计、裁剪和制作等工艺要求的前提下，将服装各号型、规格的所有衣片的样版在规定的面料幅宽内科学排列。其目的是尽量提高面料的利用率，降低产品成本，为铺料、裁剪提供切实可靠的依据。样版排放要注意以下几点：

1. 要进行合理套排，以有效提高面料利用率。

2. 合理套排的基本原则可归纳为：排列紧凑、减少空隙、丝绺顺直、两头排齐。

3. 样版排放时，一般先排大片，后排零部件；两头排大片，中间排零部件。零部件有两种排法：一是与大片、小片同时套排画齐；二是对无法排进的次要零部件，可采取另外配色划样的方法。

4. 遇到倒顺毛的情况时，如果绒毛较长，倒伏明显，则应顺毛排版，这样面料会光洁、顺畅；如果绒毛较短，倒伏不明显，可倒毛排版，这样面料会饱满、柔和。对于无明显倒顺要求的面料，为了节约用料，可一件倒排，一件顺排。

2. 在教师的示范和指导下，依据生产工艺单中的要求，以小组合作的形式进行衣料的排版，讨论制定出最合理的裁剪方案，并把用料情况填写在下面。

（1）面料门幅为 144 cm，用料量为＿＿＿＿＿＿＿＿＿＿＿＿＿＿＿＿＿＿＿＿。

（2）里料门幅为 110 cm，用料量为＿＿＿＿＿＿＿＿＿＿＿＿＿＿＿＿＿＿＿＿。

（3）衬料：软衬门幅为＿＿＿＿＿，用料量为＿＿＿＿＿＿＿＿＿＿＿＿；马尾衬门幅为＿＿＿＿＿，用料量为＿＿＿＿＿＿＿＿＿＿＿；细布衬门幅为＿＿＿＿＿，用料量为＿＿＿＿＿＿＿＿＿＿。

world skills international 世赛链接

面料纱向与面料经济性是世界技能大赛时装技术项目的评分项目之一。选手需要做到排料完美，极少浪费，并且让所有的样版都容易裁剪。

3. 通过小组讨论，按图 3-5 所示的排料图计算用料，号型为 175/96 A，面料、里料门幅分别为 144 cm 和 110 cm。说一说它与四开身男休闲服在排料时的区别。

＿＿＿＿＿＿＿＿＿＿＿＿＿＿＿＿＿＿＿＿＿＿＿＿＿＿＿＿＿＿＿＿＿＿＿＿＿＿

＿＿＿＿＿＿＿＿＿＿＿＿＿＿＿＿＿＿＿＿＿＿＿＿＿＿＿＿＿＿＿＿＿＿＿＿＿＿

＿＿＿＿＿＿＿＿＿＿＿＿＿＿＿＿＿＿＿＿＿＿＿＿＿＿＿＿＿＿＿＿＿＿＿＿＿＿

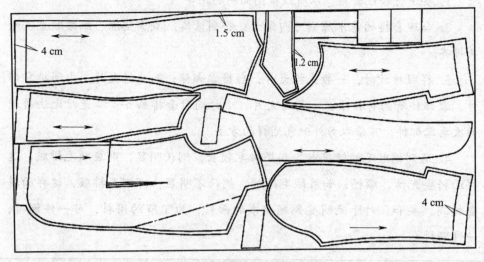

图 3-5　男西服排料图（面料）

4. 在教师的示范和指导下，按制定好的裁剪方案独立完成单件男西服面料、里料、衬料的裁剪，准确核对制作男西服所需裁片和辅料的种类、数量，检查、整理和分类，并做出缝制标记，然后回答下列问题。

（1）面料类有哪些裁片？

_____

（2）里料类有哪些裁片？

_____

（3）面料裁片上哪些部位需要画净样线？

_____

（4）里料裁片上哪些部位需要做缝制标记？

_____

（5）衬料分为哪几种？每种衬料分别用于裁剪制作胸衬的哪些部位？

_____

_____

（6）袋布一般采用_____布制作。毛呢面料采用_____

_____缝线，化纤面料采用_____缝线。

📖 小贴士

服装工艺流程

　　服装工艺流程是指整件服装或服装某部件从原料到制成成品的各项工作程序。服装工艺流程一般由服装企业的技术部门单独制定或与缝制车间共同制定，以工艺流程图（见图3-6）或工序分析表的形式呈现。工艺流程图直观明了，工序分析表详细明确，便于直接进行工艺指导。

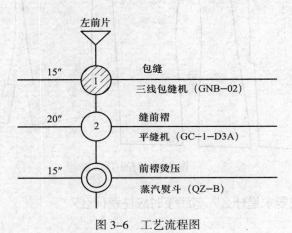

图 3-6　工艺流程图

　　服装工艺流程合理与否，是决定整个生产是否顺畅的重要因素。制定服装工艺流程时，应遵循的原则是：根据产品特点及流水线实际情况，设定最快捷、最合理的生产顺序，保证各个生产工位衔接顺畅，以达到产品生产速度快、加工质量好的目的。

　　5. 在教师的示范和指导下，各小组讨论制定制作本款男西服的工艺流程，并写出男西服制作工艺流程。

_____

_____

_____

　　6. 在教师的示范和指导下，独立完成打线丁和还缝等操作，并完成以下练习或回答以下问题。

　　（1）根据图3-7中裁片标注的打线丁和还缝的部位，写出打线丁部位的名称。

扫一扫，观看男西服打线丁、敷衬演示视频。

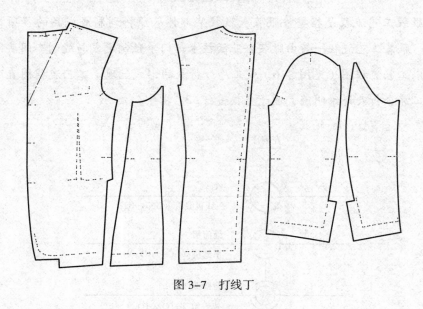

图 3-7　打线丁

（2）打线丁的要求是什么？剪线丁时应注意什么？

_____

_____

（3）还缝的工艺要求是什么？

_____

_____

_____

📋 **小贴士**

打线丁和环针

1. 打线丁

打线丁是用白棉线在衣片上做出缝制标记。

打线丁用于高档服装缝制工艺，通常采用双线单针或单线双针。一般质地松弛的面料宜用双线，质地紧密的面料宜用单线。按照面料质地松紧不同采用不同的针法，其好处是既能钉牢，又不产生针洞。线丁的留线长度要适宜，过长容易脱落，过短不易修剪。剪线丁前要先把叠合的线丁拉松，用剪刀头剪。剪刀要放平，防止剪破衣片。剪后用手掌按一下线丁，可防止线丁脱落。

2. 环针

环针是毛缝口环光的针法。

毛呢服装剪开的省缝或容易散开的毛缝，可用环形针法绕缝，这样能使毛边不易散开，其作用与锁边相同。缝止口一般可用环形针法绕缝 0.6 cm。省尖处只能用环形针法绕缝 0.3 cm，注意环线不能超过省大，使省尖缝合后正面不露纱线。针距应为 0.7 cm 左右。还缝时抽线不能过紧或过松。过紧容易起皱，边缘毛缝易卷。过松时线浮在上面，仍然会毛出。

质地紧实的面料，省缝处要还缝，其他部位则不需要。质地松弛的面料，边缘容易毛出，除省剪开部位需要还缝外，其他需要还缝的部位有前衣片、后衣片以及大小袖片的毛缝边缘处。

7. 在教师的示范和指导下，完成前衣片收省，腰省、肚省的剪开，拼合侧片，分烫省缝与前侧缝等操作，并完成以下练习或回答以下问题。

（1）腰省和肚省应该怎么剪？操作时应注意哪些问题？

_____

_____

_____

（2）根据图 3-8 和图 3-9，说一说收省和拼合侧片应注意哪些问题。

_____

_____

_____

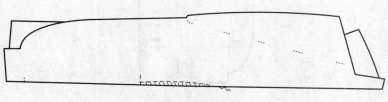

图 3-8　收省

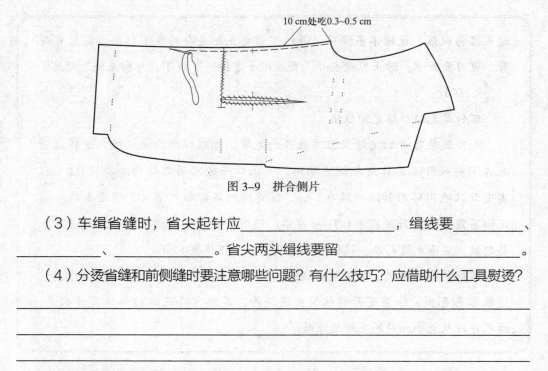

图 3-9 拼合侧片

（3）车缉省缝时，省尖起针应_____，缉线要_____、
_____、_____。省尖两头缉线要留_____。

（4）分烫省缝和前侧缝时要注意哪些问题？有什么技巧？应借助什么工具熨烫？

_____

_____

_____

8. 在教师的示范和指导下，完成前衣片的推、归、拔等操作，并完成以下练习
或回答以下问题。

（1）简述图 3-10 中各符号的含义。

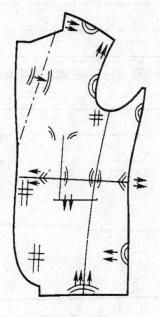

图 3-10 前衣片归拔

（2）图 3-10 中需要重点归拔的部位是什么？应采用什么熨烫方法？

9. 在教师的示范和指导下，完成制作胸衬、烫胸衬、敷胸衬、纳驳头等操作，并完成以下练习或回答以下问题。

（1）胸衬的制作顺序是：收省及拼接驳头衬→＿＿＿＿＿＿→定衬→＿＿＿＿＿＿。

（2）根据图 3-11，说一说制作胸衬时有哪些注意事项。

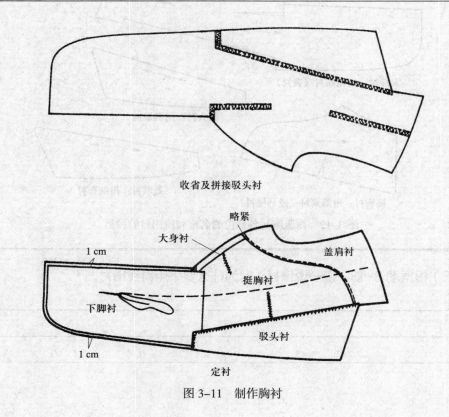

图 3-11　制作胸衬

小贴士

西 服 衬

西服衬是西服主要的支撑架之一，好的西服衬能使西服挺括、饱满。

作为支撑西服廓形的骨架，衬的工艺对西服质量有着直接的影响。衬位于西服上衣的前衣片内层中（即在面布与里布之间），它包含由多层衬料构成的胸衬，可以说是上衣结构的重要元素。图3-12是西服胸衬各部位的名称和所用衬的种类。

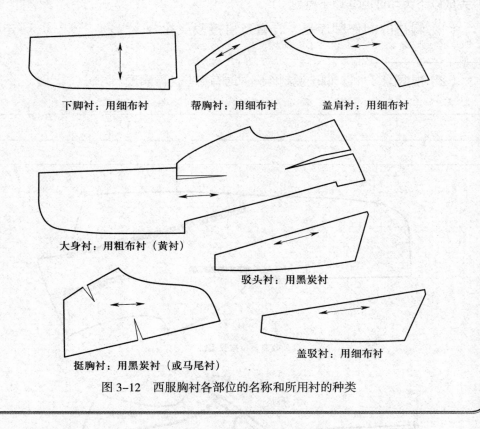

下脚衬：用细布衬　　　帮胸衬：用细布衬　　　盖肩衬：用细布衬

大身衬：用粗布衬（黄衬）

驳头衬：用黑炭衬

挺胸衬：用黑炭衬（或马尾衬）

盖驳衬：用细布衬

图3-12　西服胸衬各部位的名称和所用衬的种类

（3）根据图3-13，说一说缉衬头时为什么要采用斜线缉衬。

_____

_____

_____

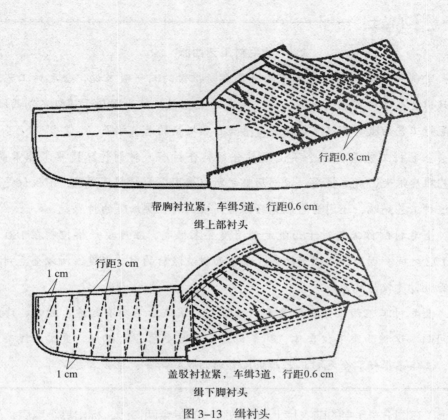

行距0.8 cm

帮胸衬拉紧，车缉5道，行距0.6 cm

缉上部衬头

行距3 cm

1 cm

1 cm

盖驳衬拉紧，车缉3道，行距0.6 cm

缉下脚衬头

图 3-13　缉衬头

（4）根据图 3-14 说一说烫衬的要求。

_____

_____

_____

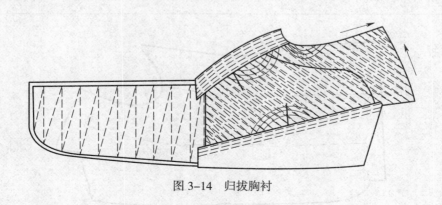

图 3-14　归拔胸衬

小贴士

全毛衬工艺西服

定制西服中，全毛衬工艺西服是最受推崇的。一般来说，全毛衬工艺西服只出现在高端定制西服中。手工缝制的全毛衬工艺西服属于顶级定制西服。全毛衬工艺西服具有轻薄柔软的质感与自然挺括的着装效果。

全毛衬工艺西服完全不使用粘合剂粘合衬布，对制作环境要求非常高，工艺难度很大，成本较高。定制西服之所以采用全毛衬制作工艺，不仅仅是因为这种工艺高端，还因为它能完好保留高级面料轻柔细腻的特点。

全毛衬制作工艺对于西服定型温度要求很高，温度要严格控制在 $180 \sim 200\,℃$ 之间。因为这一温度远高于西服面料洗涤后的熨烫温度，所以全毛衬工艺西服熨烫较为容易。

全毛衬工艺西服完全依靠毛衬来造型，洗涤后不会有起泡、起皱、渗胶等问题。这种西服不仅合体、穿着舒适，而且更薄、更挺括、更柔，线条流畅，立体感很强。全毛衬工艺西服比普通西服更耐穿，且较容易保养。

（5）在图 3-15 中的前衣片上画出敷胸衬的其余两道线，标出其距离肩、门襟、底边、袖窿的数值，并说一说敷衬应注意哪些问题，怎样才能达到敷衬的质量要求。

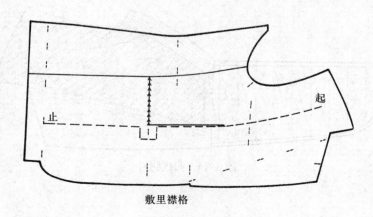

敷里襟格

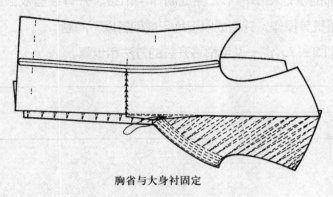

胸省与大身衬固定

图 3-15　敷衬

📋 **小贴士**

敷　衬

　　敷衬是西服造型的关键。敷衬时要特别注意面、衬的松紧，面要略紧于衬头。纱向要归直，横直丝绺不能走样，左右条格要对称。胸部要饱满，腰节凹势及袋口胖势要匀称。

（6）根据图 3-16，说一说纳驳头的作用、攃线针距的要求。

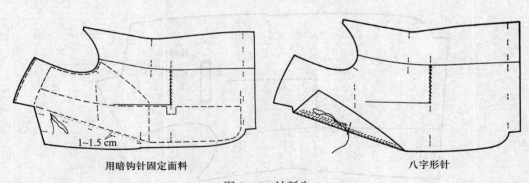

用暗钩针固定面料　　　　　　　　　　八字形针

1~1.5 cm

图 3-16　纳驳头

10. 在教师的示范和指导下，完成制作手巾袋、开有袋盖双嵌线袋、修止口、敷牵条、前身整烫等操作，并完成以下练习或回答以下问题。

（1）根据图 3-17，说一说手巾袋开袋的方法和步骤。

_____

_____

_____

扫一扫，观看男西服手巾袋开袋演示视频。

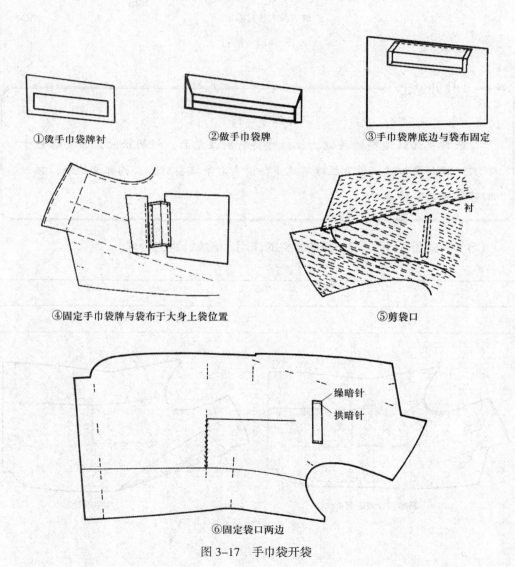

图 3-17　手巾袋开袋

（2）根据图 3-18，说一说怎样做、烫袋盖才能使其两角有窝势，开袋一头与下脚衬之间应如何处理。

扫一扫，观看男西服装手巾袋演示视频。

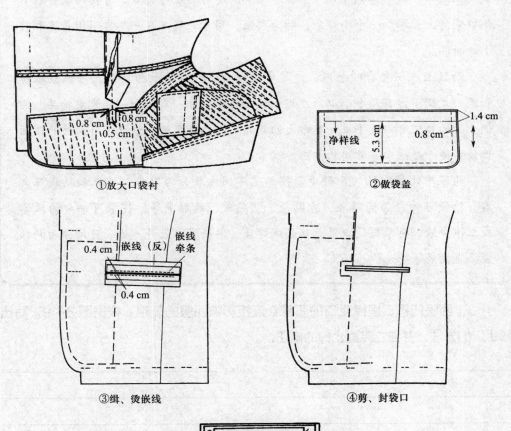

①放大口袋衬　　②做袋盖

1.4 cm
净样线　5.3 cm　0.8 cm

0.8 cm　0.8 cm
0.5 cm

③缉、烫嵌线

0.4 cm　嵌线（反）　嵌线　牵条
0.4 cm

④剪、封袋口

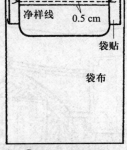

净样线　0.5 cm

袋贴

袋布

⑤安装、固定袋盖

图 3-18　有袋盖式开袋

> ### 小贴士
>
> #### 西服口袋
>
> 　　有的西服上衣在左胸位置有口袋，称为手巾袋，专门用来放装饰性手帕，也可以放一些硬质物品（如名片夹），使胸部显得丰满平整。上衣的两个下口袋用来放松、软、薄的东西（如纸巾），但是切忌装得太多。有些西服会在右侧口袋的上方增加一个小口袋，称为票袋，用于放置名片一类常用但是体积较小的物品。
>
> 　　西服上衣一般有四个内袋，其中左侧上方的口袋最为实用，可以放眼镜和笔。左侧下方有两个小口袋，用于放置重要证件、零钱和一些贵重物品。右侧上方的口袋可以放手机一类略大的物品。有些西服还会设计带有拉链的侧面口袋，便于放纸币等常用的东西。
>
> 　　西服中比较常见的几种口袋按工艺不同主要分为贴袋、挖袋和插袋三大类。贴袋可细分为圆贴袋、方贴袋、明贴袋、暗贴袋等，挖袋可细分为风琴式立体口袋、有袋盖的口袋、双嵌线口袋、单嵌线口袋等，插袋可细分为斜插袋、直插袋等。

　　（3）西服门襟、里襟止口的质量会直接影响西服的外观。根据图3-19，写出修止口的方法，并独立完成止口的修正。

_____

_____

_____

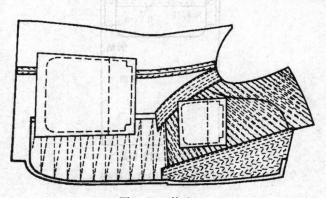

图 3-19　修止口

（4）敷牵条的作用和要求是什么？判断图 3-20 中敷牵条的松紧要求是否正确，并说明原因。

_____

_____

_____

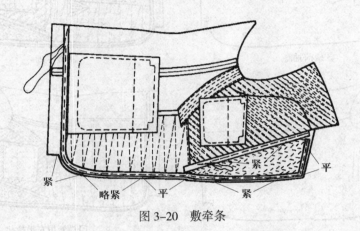

图 3-20　敷牵条

（5）根据图 3-21 练习前身整烫，并写出前身整烫的步骤及熨烫方法。

_____

_____

_____

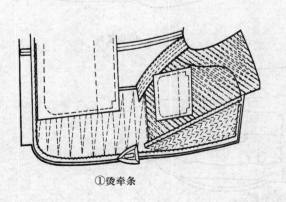

①烫牵条

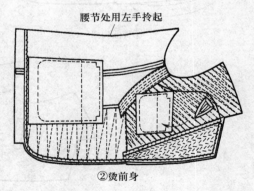

②烫前身

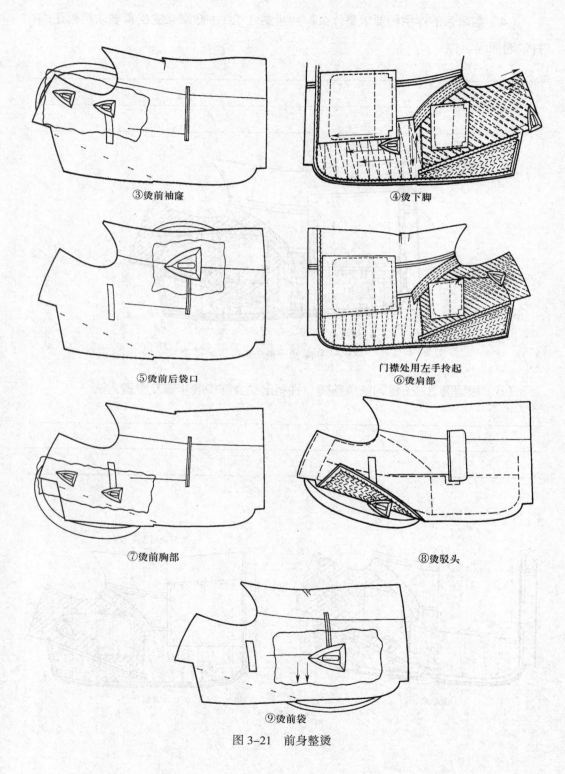

③烫前袖窿

④烫下脚

⑤烫前后袋口

门襟处用左手拎起
⑥烫肩部

⑦烫前胸部

⑧烫驳头

⑨烫前袋

图 3-21　前身整烫

📖 **小贴士**

　　男西服里袋通常有滚嵌线、密嵌线及一字嵌线等不同的开袋方法。

　　里袋缝制工艺的质量要求是：开袋位置正确，袋口线顺直，嵌线均匀，袋角方正，封结扎线规整。

---

　　11. 在教师的示范和指导下，完成拼接前身夹里、开里袋、敷挂面等操作，并完成以下练习或回答以下问题。

　　（1）根据图 3-22 熨烫挂面，并写出挂面归拔的方法及注意事项。

_____

_____

_____

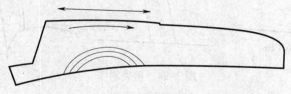

图 3-22　挂面归拔

　　（2）拼接前身夹里时，要先把夹里的_____、_____缝合，然后将_____同夹里拼接，再把夹里与_____缝合，然后用熨斗烫平。

　　（3）根据图 3-23，说一说拼接缝合时要注意哪些问题。

_____

_____

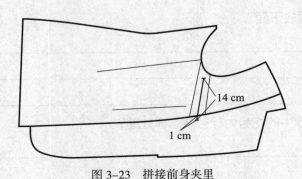

图 3-23　拼接前身夹里

（4）开里袋有什么工艺要求？

_____

_____

_____

（5）根据图 3-24，写出里袋的制作方法。

_____

_____

_____

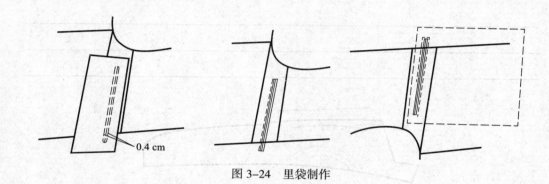

0.4 cm

图 3-24　里袋制作

📖 **小贴士**

　　敷挂面前要先对左右两格挂面的外口条格进行检验，一般驳口止口应尽量避开明显条纹。这是因为即使条纹有些偏差，视觉上也不会太明显。一般认为驳头条纹上段不允许有偏差，而在上扣眼位至驳头 5 cm 或 6 cm 之间允许偏差 0.5 cm 左右。

（6）敷挂面时，为什么有些部位要紧，有些部位要平，有些部位要松？为什么定撩止口时大身要放下面？

_____

_____

_____

（7）图 3-25 中的吃势为什么要这样处理？

_____

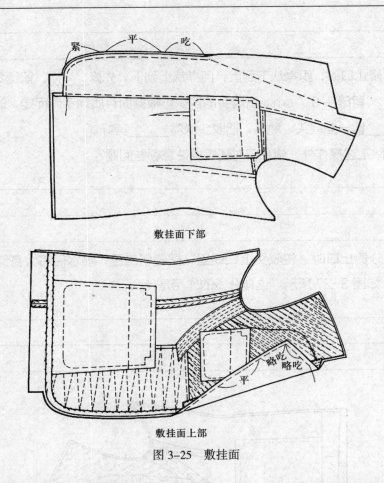

图 3-25 敷挂面

（8）如图 3-26 所示，缉止口时，门襟由_____向上缉线，里襟由上向下缉线。要注意在_____处缉线，离衬头 0.1 cm，扣眼以下至底边离衬头 0.2 cm。

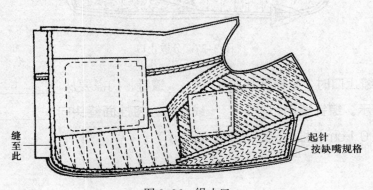

图 3-26 缉止口

（9）止口缉好后，要注意检查哪些部位？工艺质量要求是什么？

_____

_____

_____

（10）修止口时，里襟从下到上，门襟从上到下。先修_____，留缝头 0.4 cm。再修_____，留缝头 0.7 cm。留缝头的多少可根据面料质地不同而定，疏松的面料应适当_____留一些缝头。然后，把驳头缺嘴_____剪好。

（11）除上述操作外，修止口时还需要注意哪些问题？

_____

_____

_____

（12）分烫止口时，将驳头上口朝里，摆缝朝自己，喷水后将大身缝头与挂面缝头分烫，如图 3-27 所示。这样分烫的作用是什么？

_____

_____

_____

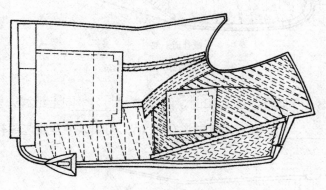

图 3-27　分烫止口

（13）缭止口时，里襟要从_____缭针，门襟要从_____缭针，如图 3-28 所示。缭针要用_____线扎线，将挂面缝头向_____面扳转。驳头处扳进 0.1 cm，扣眼位以下扳进 0.2 cm。

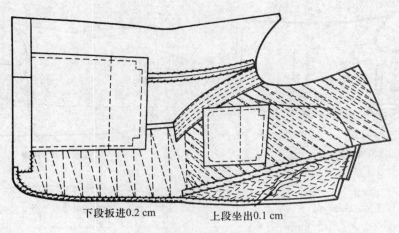

下段扳进0.2 cm　　　　上段坐出0.1 cm

图 3-28　缭止口

（14）上述缭止口操作的作用是什么？应采用什么针法？缭止口时还要注意哪些问题？

_____

_____

_____

（15）在图 3-29 中，烫止口缝头、翻撽止口、定挂面、修夹里时用了什么针法和熨烫定型方法？为什么？

_____

_____

_____

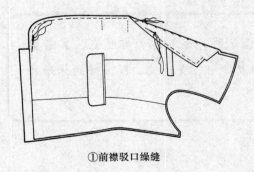

①前襟驳口缲缝

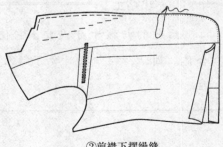

②前襟下摆缲缝

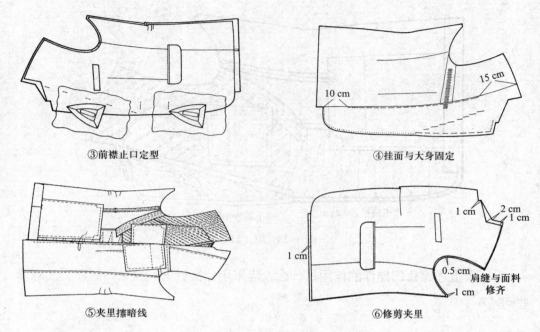

③前襟止口定型　　　　　　　　　　④挂面与大身固定

⑤夹里撬暗线　　　　　　　　　　⑥修剪夹里

图 3-29　前衣片整烫

12. 在教师的示范和指导下，完成做后衣片、合绱侧摆缝、分烫侧摆缝、兜翻底边、拼肩缝等操作，并完成以下练习或回答以下问题。

（1）在图 3-30 中，后衣片的归拔采用了什么工艺？后衣片归拔的质量要求是什么？为什么袖窿要粘合牵条？

_____

_____

_____

📝 **小贴士**

后背的归拔十分重要，它使西服后背更符合人体背部特点，穿着更合体。因此，在归拔时要了解人体背部肩胛部、背沟部、腰、臀的体形特征。

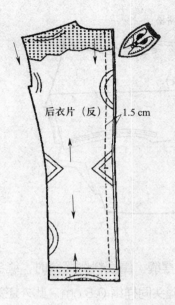 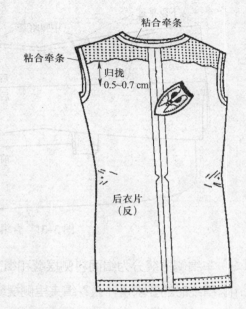

图 3-30　后衣片归拔

小贴士

　　在合缉侧摆缝时，必须先用攥线将前后身侧摆缝固定。定侧摆缝时，前身在下，后身在上，以腰节线丁为准，分上、下两次定侧摆缝，腰节与底摆平攥。腰节处、后背要略微拉紧一些。在袖窿下 10 cm 这段距离的后背要略松。攥线一般 2 cm 一针，攥线缝头为 0.7 cm。左右两侧摆缝定好后，用熨斗把侧摆缝烫平，再进行车缉。

　　（2）根据图 3-31，说一说合缉侧摆缝时为什么要先攥线再车缉，并写出分烫侧摆缝的步骤及要求。

_____

_____

_____

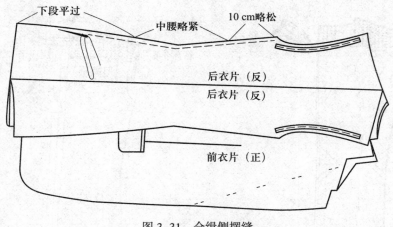

图 3-31　合缉侧摆缝

（3）车缉侧摆缝分为缉面料侧摆缝和缉夹里侧摆缝。缉面料侧摆缝时，缝头缉 0.8 cm。缉线时的要求是什么？缉夹里侧摆缝时，缝头同样缉 0.8 cm。此外还需要注意哪些问题？

_____

_____

_____

（4）根据图 3-32，说一说分烫侧摆缝的步骤及要求。

_____

_____

_____

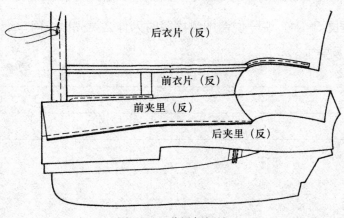

图 3-32　分烫侧摆缝

（5）兜缉底边时，要先将大身与夹里翻转，_____在上，_____在下，从一边离开挂面 1 cm 处起针，缉至另一边离挂面 1 cm 止。

（6）兜缉时需要注意哪些问题？攃底摆时用什么针法固定？

_____

_____

_____

（7）根据图 3-33，说一说为什么要固定袖窿。袖窿攃线用了什么针法？

_____

_____

_____

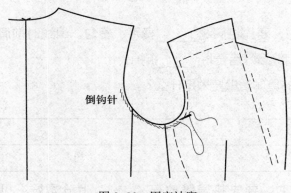

图 3-33　固定袖窿

📎 **小贴士**

肩　缝

　　西服制作工艺对肩缝要求很高。它涉及西服的袖子造型、领子造型、后背戗势和肩头的平服。因此，在拼肩缝之前必须检查前后肩缝的长短、领圈弧线、袖窿高低及丝缕。如果发现偏差应立即进行调整，然后将背部放平，把背里撩起，按后背领圈及肩部归拔的要求进行分烫。

（8）肩缝攃线时，后肩缝放在上面，从领圈处起针向肩端点攃线。在领圈肩缝的 1/3 处放吃势 0.6 cm 左右，攃线离进缝头 0.7 cm，针脚为 1 cm，后肩缝要松于前肩缝，如图 3-34 所示。这样做的作用是什么？

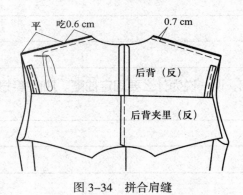

图 3-34　拼合肩缝

（9）缉肩缝时，要先将肩缝_____烫平、烫匀。缉线时前肩要放在_____面，缝头约 0.9 cm。肩缝缉好后要将_____拆掉。

（10）缉肩缝的具体质量要求是什么？

（11）定肩缝时，要先将肩缝放在_____上分烫好（见图3-35），再把_____翻转至正面，在肩缝拼缝处搉一道线，然后翻过来，将肩缝分开缝沿_____与衬头固定，针距为 1 cm，如图 3-36 所示。

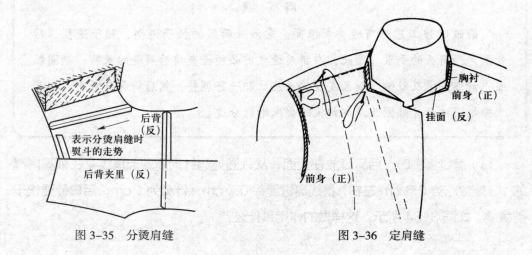

图 3-35　分烫肩缝　　　　　图 3-36　定肩缝

（12）定肩缝时需要注意哪些问题？

_____

_____

_____

13. 在教师的示范和指导下，完成做领、装领等操作，并完成以下练习或回答以下问题。

（1）缉领里时，要将领里翻转，_____朝上，按_____线车缉领脚线，一般车缉_____道线，间距 0.4 cm 左右。然后车缉外口斜三角，间距 1 cm 左右。三角缉好后，将领里的领底缝头翻上，与_____攘牢。

（2）如图 3-37 所示，车缉时领里要放在上面，把两头拎起缉线，使领里紧过领衬。这样做的作用是什么？

_____

_____

_____

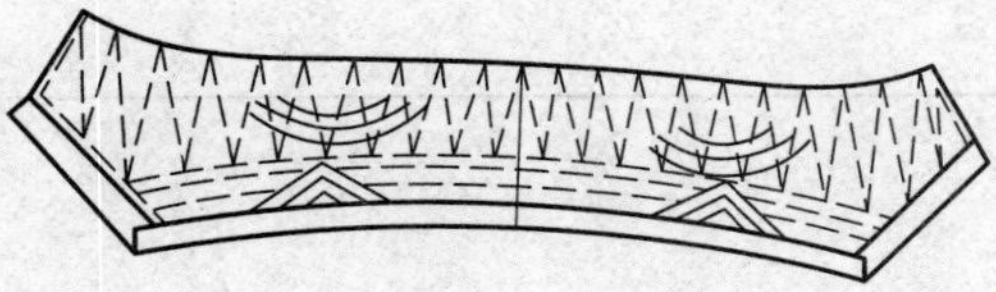

图 3-37　领里缉线

（3）领里的归拔很重要，如果归拔不符合要求，装好领子后会出现荡领、爬领、领角起翘等现象。根据图 3-38 和图 3-39，说一说领面及领里归拔的方法及要求。

_____

_____

_____

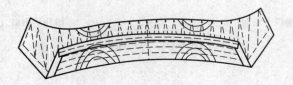

图 3-38　领里归拔

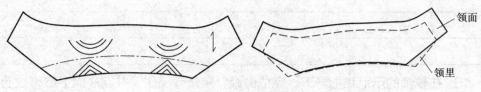

图 3-39　领面归拔

扫一扫，
观看男西
服装领演
示视频。

（4）装领面、领侧底时，要先将领面与挂面的串口攃线固定，攃线时领面放在上面，要注意两领角丝缕的正确性及上下的松紧度。然后，车缉串口，缉线时挂面在上。这是为什么？还要注意哪些问题？

_____

_____

_____

（5）根据图 3-40，说一说缉领面串口时缉线的要求是什么。

_____

_____

_____

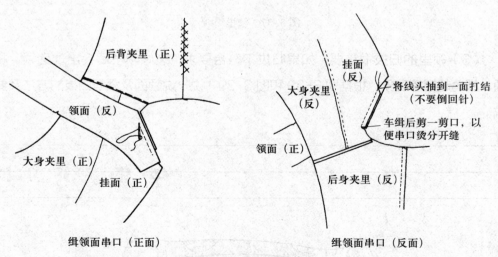

图 3-40　缉领面串口

（6）压后领底线之前，要先用＿＿＿＿把领里定到＿＿＿＿上，再把西服挂在衣架上观察领子的效果，然后车缉一道，压线为 0.15 cm，如图 3-41 所示。

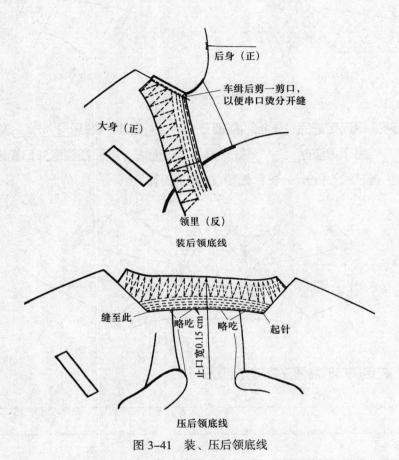

图 3-41　装、压后领底线

（7）在压后领底线时，还应注意哪些问题？

_____

_____

_____

（8）在图 3-42 中，分串口采用了什么方法？是怎样熨烫的？

_____

_____

_____

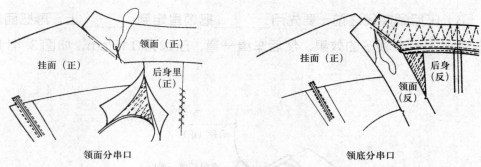

领面分串口 领底分串口

图 3-42 分串口

（9）两头串口定好后，要把西服摊在桌板上，领面与领里_____放平，把领里的_____线同领面的_____线对准，撬一道线，然后在领里外口离进 0.5 cm 处撬一道线，针脚为 1 cm 一针，如图 3-43 所示。

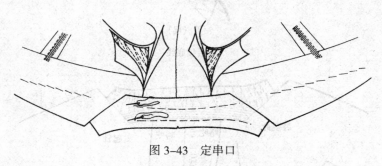

图 3-43 定串口

（10）在定串口时需要注意哪些问题？

_____

_____

_____

（11）撬领口时，用本色丝线把领里外口同_____缭穿，针脚为 1 cm 左右一针，然后修剪领面_____，留缝头 1.5 cm，两领角留缝头 3 cm，把_____包转撬牢，如图 3-44 所示。

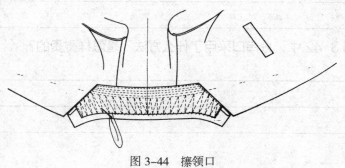

图 3-44 撬领口

（12）攘领口时，还要注意哪些问题？

_____

_____

（13）攘肩头、领圈夹里、领底线时，要将西服挂在衣架上或放在布馒头上，夹里放平，将肩头近领圈 3 cm 处和领圈夹里与领衬攘牢，如图 3-45 所示。攘领底线时，按领脚宽 2 cm 把多余缝头扣转，同领里攘牢。在此操作过程中要注意哪些问题？

_____

_____

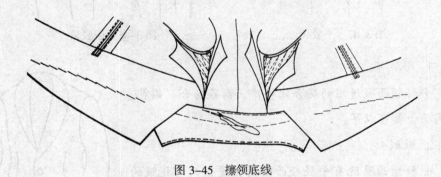

图 3-45　攘领底线

（14）完成上述操作后，要将西服领驳头放在布馒头上，盖湿布进行熨烫，如图 3-46 所示。熨烫时要注意哪些问题？

_____

_____

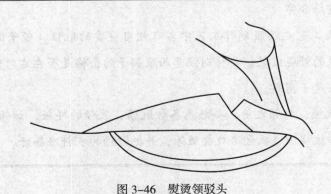

图 3-46　熨烫领驳头

┌─ 小贴士 ─────────────────────────────────┐

西服的领子

西服的领子一般分为平驳领（见图 3-47）、戗驳领（见图 3-48）和青果领（见图 3-49）。

图 3-47　平驳领

图 3-48　戗驳领

1. 平驳领

平驳领西服适用的场合比较广，商务场合、婚礼、休闲场合都可以穿。

2. 戗驳领

戗驳领西服既有平驳领西服的稳重，又有礼服的精致、优雅，适合在年会、婚礼等重要场合穿。特别是包绢的戗驳领西服，给人感觉比较高贵。小戗驳领西服更适合年轻人，可混搭穿出不同的风格。

图 3-49　青果领

3. 青果领

青果领又名大刀领，也是礼服领中的一种。青果领西服适合在婚礼、重大典礼等隆重场合穿。

西服领头工艺在西服制作工艺中占有相当重要的地位，领子的造型直接影响整件西服的外观效果。要特别注意西服领子的条格是否左右对称，线条是否优美，驳头是否窝服。

在西服做领、装领之前，要熟悉各种做领、装领的样版，如领头净样版、领里样版、归拔样版、画领串口样版等，并把做领的衣料准备好。

└──────────────────────────────────────┘

14. 在教师的示范和指导下，完成做袖、装袖等操作，并完成以下练习或回答以下问题。

（1）根据图 3-50，说一说大小袖片的归拔方法及注意事项。

_____

_____

_____

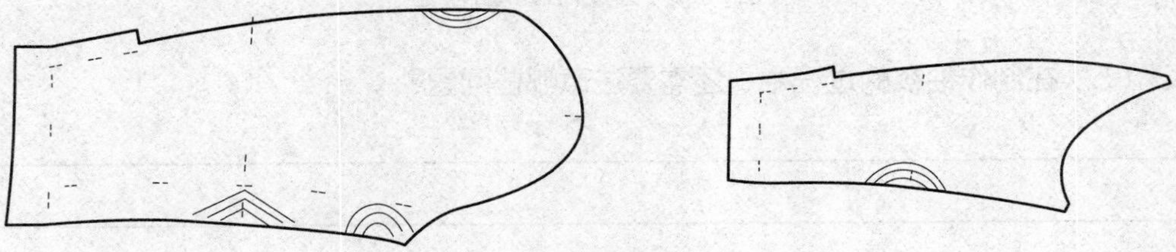

图 3-50　大小袖片归拔

（2）缉烫前袖缝时，要将大小袖片_____面相对，缉线时_____在上，缝头为 0.8 cm，如图 3-51 所示。夹里的车缉方法与面料相同。

图 3-51　缉烫前袖缝、袖夹里缝

（3）面料和夹里分别怎样熨烫？熨烫时要注意哪些问题？

_____

_____

_____

（4）分烫袖衩时，将小袖_____翻上，按袖口宽的尺寸把_____烫煞并将_____三角缉好。将大小袖片正面相对，_____在上，撩一道线，撩线时将_____处袖片贴边放平。缉线时_____在上，缝头为 0.8 cm。分烫后袖缝时，要先在小袖片袖衩_____处剪剪口，如图 3-52 所示。

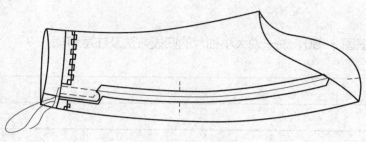

图 3-52 分烫袖衩和后袖缝

（5）在制作袖衩的过程中，还需要注意哪些问题？

_____

_____

_____

（6）装袖夹里时，为了防止左右袖夹里装反，要求袖子与_____相对，前袖缝与_____相对。然后将袖夹里兜缉到袖子_____上，缝头为 0.8 cm，如图 3-53 所示。

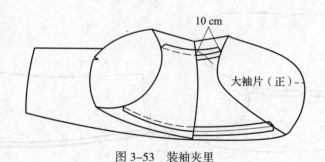

图 3-53 装袖夹里

（7）缉好后还需要用什么工艺将袖口固定？要注意哪些问题？

_____

_____

_____

（8）纳袖山吃势时，要先用纱线离_____0.6 cm 处撩一道线，撩线时从_____处起针，纳针至小袖片_____处止，针脚为 0.3 cm 一针，如图 3-54 所示。注意中间不能结线。

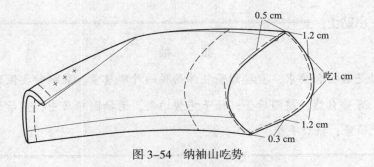

图 3-54　纳袖山吃势

（9）一般西服袖山头的吃势大小是根据不同的面料而定的。说一说不同面料袖山头的吃势一般为多少，有什么方法可防止袖山吃势变动。

_____

_____

_____

> **📖 小贴士**
>
> 　　西服袖子的外观造型不仅与裁剪有关，而且与做袖、装袖工艺有着直接的关系。因此，一定要重视做袖、装袖的操作要求。

（10）装袖时，一般先将装袖的几个对位剪口对准，离缝头 0.7 cm 处沿袖窿撬一道线，撬线要圆顺，针脚一般要求 0.7 cm 一针，如图 3-55 和图 3-56 所示。这样做有什么作用？

扫 一 扫，观看男西服装袖演示视频。

_____

_____

图 3-55　袖的对位点　　　　　　图 3-56　袖窿撬线

小贴士

装　袖

　　装袖是否符合要求，直接影响整件西服的外观质量。装袖时要做到袖子丝缕顺直、弯势自然、前圆后登；袖子吃势均匀，两袖圆顺居中，前后适宜，无涟形，无吊紧；袖口平整，大小一致。

　　（11）袖子装好后，应将袖子翻转，用手托肩头部位或将制品挂在胸架上，检查装袖是否符合要求。应检查袖子的什么部位？具体的检查方法和质量要求是什么？

_____

_____

_____

　　（12）检验袖子无误后缉线。缉线时_____放在上面，缝头为 0.7 cm，从袖子的_____处起针，兜缉一周。缉到肩缝时要垫_____衬，用斜丝_____衬，衬长6 cm，宽2.5 cm，如图 3-57 所示。

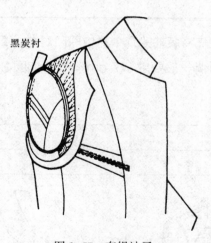

黑炭衬

图 3-57　车缉袖子

　　（13）缉好后将攓线抽掉，然后在袖山头吃势处喷水压烫。这样做的目的是什么？具体方法和要求是什么？

_____

_____

_____

（14）根据图 3-58，说一说为什么装垫肩时前肩短、后肩长。

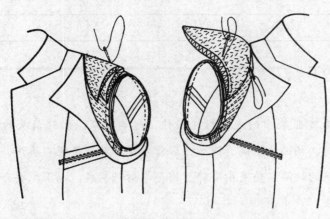

图 3-58　装垫肩

（15）装垫肩时，垫肩外口比袖窿毛出_____，要将_____顺着_____的窝势扎，使成衣肩部窝服。

（16）根据图 3-59 和图 3-60，说一说为什么要在袖窿处装绒布条。

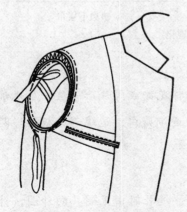

图 3-59　装绒布条

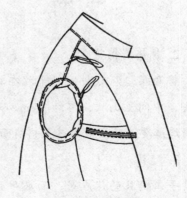

图 3-60　缲袖里

（17）定肩头和袖夹里时，具体方法和要求是什么？

┌───┐

📖 **小贴士**

垫 肩

　　垫肩是毛呢服装中的内部衬托附件，起着支架、修饰肩头的作用。它使西服肩部平挺，袖山头饱满、圆顺，后背方登，外形美观、端庄，可弥补人体肩部呈斜坡状的缺陷。垫肩由海绵、棉花等材料制成。以下简要介绍用棉花制作垫肩的方法。

　　1. 确定用料及规格

　　用落水粗布衬做底料，落水羽纱做面料，均以斜料为宜。一副垫肩用棉花 25 g 左右。垫肩的规格如图 3-61 所示。

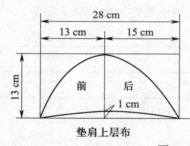

图 3-61　垫肩的规格

　　2. 铺垫肩棉花

　　将两层垫肩底料同时平放在桌板上，将棉花撕成薄片后一层一层地铺叠上去，中间呈山状，厚约 3 cm。两侧和里口逐渐减薄，边缘部分极薄。两只垫肩厚薄要一致。最后盖上垫肩面料。

　　3. 缝扎

　　手工缝扎的优点是，面底平服，窝势好。缝扎时由里圈扎向外圈，针脚长 1 cm，行距为 0.5 cm。底层布要逐渐向边缘方向带紧，上层布随时放松，使垫肩有窝势。外口用三角针扎封口一道，针脚为 0.7 cm。垫肩扎好后，外口如不平实，可在桌板上磨平。

└───┘

4. 熨烫垫肩

将扎好的垫肩喷上水花，按其窝形，先在底料一层磨烫，然后翻到正面，将扎线印磨烫平整。烫后成型的垫肩要饱满、匀实，两只厚薄一致，窝势对称。

15. 在教师的示范和指导下，练习锁扣眼、钉扣及整烫等操作，并完成以下练习或回答以下问题。

（1）根据图3-62，说一说锁扣眼的具体方法和要求。

_____

_____

_____

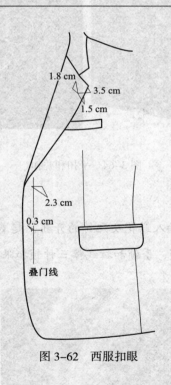

图3-62 西服扣眼

📄 小贴士

西 服 扣 眼

一套高品质的手工西服除使用高品质的面辅料和内衬外，还要具备手工工艺特色，如手工扣眼、手工插花眼、鸡爪钉扣等。

1. 手工扣眼（见图 3-63）

用机器锁扣眼时，如果先锁眼后划开，容易形成扣眼内参差不齐的毛边。手工锁扣眼时，先在衣服上划开扣缝，再手工锁边，没有扣眼内毛边，同时扣眼更加立体、精致。

袖口扣子可选择种类非常多，数量为 0～6 粒不等，多粒扣子的排列方式分为平扣和叠扣，如图 3-64 所示。

图 3-63　手工扣眼

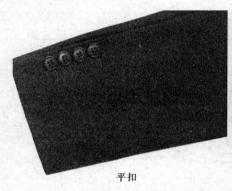

平扣

叠扣

图 3-64　平扣和叠扣

2. 手工插花眼

驳头插花眼是用来插入鲜花及配饰的开孔，起着装饰的作用，如图 3-65 所示。插花眼通常有机锁、手锁和拉线襻三种锁扣眼方法。

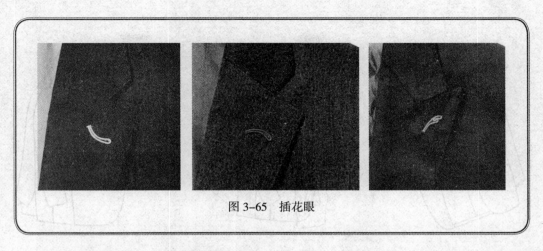

图 3-65　插花眼

（2）整烫西服前，要先把西服上的_____线及其他_____线拆掉，准备好干、湿两块_____及布馒头、铁凳、烫凳等工具。

（3）图 3-66 所示为西服整烫的步骤，请按西服的整烫顺序在图片下方写出正确的数字序号。

  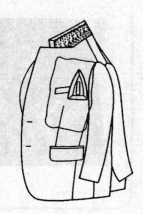

图 3-66　西服整烫步骤

（4）西服整烫的重点是什么？

_____

_____

_____

📖 小贴士

西服制作的基本功

西服制作讲究"四功""九势"和"十六字标准"的基本功。

1."四功"

"四功"即刀功、手功、车功、烫功。

刀功是指裁剪水平。

手功是指在一些不能直接用缝纫机操作或用缝纫机操作达不到高质量要求的部位，运用手上功夫进行针缝，主要有扳、串、甩、锁、钉、撬、扎、打、包、拱、勾、撩、碰、搀等14种手法。

车功指操作缝纫机的水平，要做到直、圆、不裂、不拱。

烫功指在服装不同部位，运用推、归、拔、压等不同手法，使服装更适合体形，整齐、美观。

2. "九势"

"九势"指吃势、胖势、窝势、凹势、翘势、劈势、圆势、弯势、戤势。袖窿山头必须圆顺，袖子要有弯势，后背要有戤势，止口要有窝势，前胸要有胖势，肩头要有劈势。

3. "十六字标准"

"十六字标准"即平、服、顺、直、圆、登、挺、满、薄、松、匀、软、活、轻、窝、戤。

平指成衣的面、里、衬平坦、不倾斜，门襟、背衩不搅不豁，无起伏。

服指成衣不但要符合人体尺寸，而且各部位凹凸曲线要与人体体形线条一致，俗称"服帖"。

顺指成衣缝线、各部位的线条均匀，并与人的体形线条相吻合。

直指成衣的各种直线应挺直，不弯曲。

圆指成衣的各部位连接线条都构成平滑圆弧。

登指成衣穿在人体上后，各部位的横线条（如胸围线、腰围线）均水平平行。

挺指成衣的各部位要挺括。

满指成衣的前胸部要丰满。

薄指成衣的止口、驳头等部位要做得薄，能给人以飘逸、舒适的感觉。

松指成衣不拉紧、不呆板，能给人一种活泼感。

匀指成衣面、里、衬要一致、均匀。

软指成衣的衬头挺而不硬，有柔软之感。

活指成衣各部位线条灵活，不给人呆滞的感觉。

> 轻指成衣穿着时要有轻松感。
>
> 窝指成衣各部位（如止口、领头、袋盖、背衩）都要有窝势。
>
> 戤指成衣穿着舒适，手臂伸直时不紧绷，前后适宜，无涟形，无吊紧。
>
> 以上十六字相互联系，是传统西服的工艺特色，也是传统西服成品检验标准。

16. 在教师的示范和指导下，参照世界技能大赛评分标准完成所做男西服的质量检验，并独立填写质检步骤。

_____

_____

_____

_____

_____

17. 在教师的示范和指导下，参照世界技能大赛评分标准，对制成的男西服进行自我测评，并将得分填写在表 3-10 中。

表 3-10　　　　　　　　　　成品评分表

序号	分值	评价项目	评分标准	得分
1	10	按照工艺要求，制作完成男西服	完成得分，未完成不得分	
2	10	外观干净整洁，无脏斑，未过度熨烫，未熨烫不足，无线头，无破损	每处错误扣 2 分，扣完为止	
3	8	尺寸合乎要求，公差范围为：衣长 ±1 cm、胸围 ±1.5 cm、袖长 ±0.7 cm、总肩宽 ±0.6 cm	每处错误扣 2 分，扣完为止	
4	8	裁片丝缕准确，有条格的面料应对条对格	每处错误扣 2 分，扣完为止	
5	6	线迹密度为 12 ~ 14 针 /3 cm，误差为 2 针 /3 cm，线迹松紧适度，中间无跳线、断线、接线	每处不符扣 1 分，扣完为止	
6	8	领子、驳头对称，面、衬、里松紧适宜，表面挺括平服，驳头串口线顺直，领翘适宜、领头、领嘴、领豁口、驳头左右一致，上领端正、整齐、牢固，领窝圆顺、平服	每处不符扣 2 分，扣完为止	

续表

序号	分值	评价项目	评分标准	得分
7	6	门襟平服、顺直，长短一致，左右对称，不搅不豁；止口不反吐	每处不符扣2分，扣完为止	
8	6	肩部平服，肩缝顺直，两肩长短一致，胸部挺括、丰满、左右对称，后背、腰部平服，背缝、摆缝顺直	每处不符扣2分，扣完为止	
9	8	装袖圆顺，吃势均匀，前后对称，两袖长短一致，袖口大小一致，袖衩顺直、长短一致	每处不符扣2分，扣完为止	
10	10	手巾袋位置正确，袋牌宽窄一致，封口扎线规整 大袋位高低互差小于0.3 cm，前后互差小于0.7 cm，左右对称，口袋平服，嵌线顺直且宽窄一致。袋角方正，松紧适宜。袋盖长短、宽窄互差小于0.3 cm，袋盖小于袋口0.5 cm 里袋位置正确，开线顺直，嵌线均匀，袋角方正，封结扎线规整	每处不符扣2分，扣完为止	
11	6	钉扣牢固，扣眼整齐，眼距相等，扣与扣眼位相对扣眼位距离偏差小于0.4 cm，扣与扣眼位互差小于0.2 cm，扣眼大小互差小于0.2 cm	每处不符扣2分，扣完为止	
12	3	底边方正，面、里平服，折边宽窄一致	每处不符扣1分，扣完为止	
13	3	里与面、衬平服，挂面松紧适宜，窝势弯顺	每处不符扣1分，扣完为止	
14	3	各部位熨烫平服、整洁美观，无烫黄、变色现象，无极光、污渍	每处不符扣1分，扣完为止	
15	5	工作结束后，工作区整理干净，关闭机器、设备电源	完成得分，未完成不得分	
总分				

18. 男西服制作完成后，以小组为单位，填写表 3-11。

表 3-11　　　　　　　　设备使用记录表

设备类型	是否正常使用	
	是	否，是如何处理的
裁剪设备		
缝制设备		
整烫设备		

19. 在教师的示范和指导下，在下方写出封样意见，然后对照封样意见，将男西服调整到位。

_____

_____

_____

20. 引导、评价、更正与完善

（1）在教师引导下，对本阶段的学习活动成果进行自我评价和小组评价（100分制，其中关键能力分权重为 60%，专业能力分权重为 40%），填写表 3-12，然后独立用红笔进行更正和完善。

表 3-12　　　　　　　　　　学习活动成果评价表

项目	类别	分数	项目	类别	分数
个人自评分	关键能力		小组评分	关键能力	
	专业能力			专业能力	

（2）将本阶段学习活动中出现的问题及其产生原因和解决办法填写在表 3-13中。

表 3-13　　　　　　　　　　问题分析表

出现的问题	产生原因	解决办法

（3）本阶段学习活动中自己最满意的地方和最不满意的地方各写两点。

最满意的地方：_____

_____

最不满意的地方：_____

_____

（四）成果展示与评价反馈

1. 在教师的示范和指导下，在小组内进行作品展示（包括平面展示、人台展示或其他展示），然后经由小组讨论，推选出一件最佳作品，进行全班展示与评价，并由组长简要介绍推选的理由，小组其他成员做补充并记录。

小组最佳作品制作人：_____

推选理由：_____

_____

其他小组评价意见：_____

_____

教师评价意见：_____

_____

2. 引导、评价、更正与完善

（1）在教师引导下，对本阶段的学习活动成果进行自我评价和小组评价（100分制，其中关键能力分权重为60%，专业能力分权重为40%），填写表3-14，然后独立用红笔进行更正和完善。

表3-14　　　　　　　　　学习活动成果评价表

项目	类别	分数	项目	类别	分数
个人自评分	关键能力		小组评分	关键能力	
	专业能力			专业能力	

（2）将本阶段学习活动中出现的问题及其产生原因和解决办法填写在表3-15中。

表3-15　　　　　　　　　问题分析表

出现的问题	产生原因	解决办法

（3）本阶段学习活动中自己最满意的地方和最不满意的地方各写两点。

最满意的地方：_____

_____

最不满意的地方：_____

_____

（4）根据本次学习活动完成情况，填写表 3-16。

表 3-16　　　　　　　　　学习活动考核评价表

班级：　　　　　学号：　　　　　姓名：　　　　　指导教师：

评价项目	评价标准	评价依据（信息、佐证）	评价方式			得分小计	权重	总分
			自我评价	小组评价	教师（企业）评价			
			10%	20%	70%			
关键能力	（1）能正确使用劳动防护用品，执行安全操作规程 （2）能参与小组讨论，制定方案，相互交流与评价 （3）能积极主动、勤学好问 （4）能清晰、准确表达，与相关人员进行有效沟通 （5）能清扫场地，整理操作台，归置物品，填写设备使用记录	（1）课堂与企业实践表现 （2）工作页填写 （3）工作总结					40%	
专业能力	（1）能独立完成单件男西服衣料裁剪，并能对裁片进行检查、整理和分类 （2）能在教师的示范和指导下，依据生产工艺单和生产条件，制定男西服制作方案，并通过小组讨论作出决策 （3）能在教师的示范和指导下，独立完成单件男西服成品的制作 （4）能记录男西服制作过程中的疑难点，讲述制作的基本流程、方法和注意事项 （5）能讲述男西服质量检验的内容和要求	（1）课堂与企业实践表现 （2）工作页填写 （3）完成男西服的制作					60%	

续表

评价项目	评价标准	评价依据（信息、佐证）	评价方式			得分小计	权重	总分
			自我评价	小组评价	教师（企业）评价			
			10%	20%	70%			
专业能力	（6）能在男西服制作过程中，按照企业标准或参照世界技能大赛评分标准，动态检验制作结果，并在教师的示范和指导下解决相关问题，及时作出更正							
指导教师综合评价								

指导教师签名：　　　　　　　　　　　日期：

（5）从工艺改进和革新方面写一份 300 ~ 500 字的工作总结。

_____

_____

_____

_____

_____

_____

_____

_____

_____

_____

_____

_____

_____

_____

_____

_____

_____

_____

_____

_____

_____

_____

_____

_____

_____

_____

三、学习拓展

说明：本阶段学习拓展建议课时为 6 ~ 8 课时，要求学生在课后独立完成。教师可根据本校的教学需要和学生的实际情况，选择部分或全部进行实践，也可另行选择相关拓展内容，或者不实施本学习拓展，而将相关课时用于前述平驳领正装男西服制作的学习活动。

要求：查阅相关学材或企业生产工艺单，通过小组讨论，制定图 3-67 所示戗驳领男西服和图 3-68 所示中山装的制作方案，然后分别完成单件样衣的制作。

拓展任务1：戗驳领男西服制作

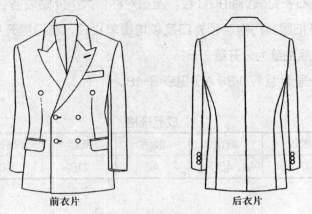

前衣片　　　　　　　　　后衣片

图 3-67　戗驳领男西服

戗驳领男西服的外形及特点：戗驳领，下身设有两个双嵌线带盖口袋，直下摆，左胸设有手巾袋，双排6粒扣，后中线断开，三开身六片结构，合体两片袖，袖口各3粒扣。

成品规格（号型为170/88 A）见表3-17。

表 3-17　　　　　　　　　　　　　成品规格　　　　　　　　　单位：cm

项目	衣长	背长	胸围	袖长	袖口
规格	74	42	108	60	30

拓展任务2：中山装制作

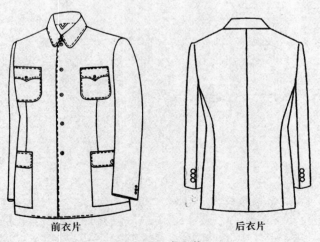

前衣片　　　　　　　　　后衣片

图 3-68　中山装

中山装的外形及特点：关门领，领头分为上、下领（上盘、下盘）；圆袖，袖口设假袖衩，左右各钉装饰纽扣 3 粒，左右对称；大小外贴袋各 2 只，小袋为尖角袋盖，袋盖上开扣眼；门襟、领外口及袋均缉单止口，左门襟开扣眼 5 个；肩缝、摆缝、前袖缝、后袖缝为分开缝。

成品规格（号型为 170/88 A）见表 3-18。

表 3-18　　　　　　　　　　　　成品规格　　　　　　　　　　　　单位：cm

项目	衣长	肩宽	领围	胸围	袖长	袖口
规格	74	46	42	110	60	32